上海出版资金项目
Shanghai Publishing Funds

建筑史话

王渝生 主编

张 邻 ——编著

中国科技史话·插画本

THE HISTORY OF SCIENCE AND TECHNOLOGY IN CHINA

U0195888

上海科学技术文献出版社
Shanghai Scientific and Technological Literature Press

图书在版编目（CIP）数据

建筑史话/张邻编著．—上海：上海科学技术文献出版社，
2019（2022.5重印）

（中国科技史话丛书）

ISBN 978-7-5439-7819-5

Ⅰ．① 建… Ⅱ．①张… Ⅲ．①建筑史—中国—普及读
物 Ⅳ．① TU-092

中国版本图书馆 CIP 数据核字（2018）第 298948 号

"十三五"国家重点出版物出版规划项目

选题策划：张　树
责任编辑：王倍倍　杨怡君
封面设计：周　婧
封面插图：方梦涵　肖斯盛

建 筑 史 话
JIANZHU SHIHUA
王渝生　主编　张　邻　编著
出版发行：上海科学技术文献出版社
地　　址：上海市长乐路 746 号
邮政编码：200040
经　　销：全国新华书店
印　　刷：昆山市亭林印刷有限责任公司
开　　本：720×1000　1/16
印　　张：10.25
字　　数：142 000
版　　次：2019 年 4 月第 1 版　2022 年 5 月第 3 次印刷
书　　号：ISBN 978-7-5439-7819-5
定　　价：48.00 元
http://www.sstlp.com

目录
Contents

1 中华上古建筑文明的曙光——先秦建筑

中国建筑是世界建筑史上延续时间最长、分布地域最广，且有着特殊风格和建构体系的造型艺术。中华文明建筑体系显露曙光，逐渐走向发展的文明之光，包括中国原始社会新石器时代中晚期和整个夏、商、周、春秋、战国时期。

中华文明建筑体系的曙光大约出现于距今8000年前的新石器时代。当时，原始文明的星火遍布中华大地，仰韶（仰韶文化是黄河中游地区重要的新石器时代文化。它的持续时间在公元前5000—前3000年）、龙山（分布于黄河中下游的山东、河南、山西、陕西等省，距今约4000—4600年）、河姆渡（位于中国东部浙江省余姚市，距今3000—5000年，有力地证明了长江流域同黄河流域一样，都是中华民族远古文明的摇篮）、良渚（位于浙江省杭州市，距今4300—5300年）等文化创造的木骨泥墙、木结构榫卯、地面式建筑、干栏式建筑等建筑技术和样式，代表着人类从栖息于穴与巢，进步到有意识地建造房屋，为伟大的中华文明建筑体系的萌生播下了种子。

进入阶级社会以后，夏（公元前2070—前1600）、商（公元前1600—前1046）、西周（公元前1046—前771）时期，建筑技术明显提高。当时，人们已经掌握了铸造青铜器（铜加锡的合金）的技术。青铜可以制造锐利的工具，容易将木、石原料加工为更为适用的建筑构件，从而促进了建筑的发展。这时，还有一位著名的工官叫"垂"，他发明了古代建筑施工中最基本的工具——"规"（圆规）、"矩"（直角尺）和"准绳"（水平尺），对于古代建筑的逐渐规范化贡献很大。在河南偃师二里头遗址发现了夏商时期早期宫殿遗址，其中1号宫殿最大，是我国迄今发现的规模较大的廊院式木架夯土建筑。商朝

二里头遗址出土——1号宫殿复原模型

末年，商纣王大兴土木，已经有了较成熟的夯土技术，建造了规模相当大的宫室和陵墓。

西周时，宫殿建筑已经比商朝进步，原来简单的木构架，经商周以来的不断改进，已成为中国建筑的主要结构方式；屋顶结构，一般是先铺芦苇和小木条，再用陶制板瓦和筒瓦盖住屋脊和屋檐，瓦的出现与使用，解决了屋顶漏水问题，标志着中国古代建筑的一个重要进步。周朝建筑布局对称严谨，此后历代宫殿、坛庙、住宅、方格网城市等建筑群体的布局原则基本遵从周制。

春秋（公元前770—前476）、战国（公元前475—前221）时期，随着农业和手工业的发展，特别是铁制斧、刀、锯、凿、钻、铲等加工木构件的专用工具的普遍应用，大大促进了建筑业的发展。经过规划而建成的列国都城，像雨后春笋似地矗立在黄河中下游和长江流域的吴楚地区，同时还出现了一批著名的建筑师和总结建筑经验的书籍。这一时期的建筑外观还追求高大、华丽和宏伟，之后瓦、砖、斗拱、高台建筑也出现了。夯土技术、木结构技术、建筑的立面造型、平面布局、建筑材料的制造与运用，以及色彩、装饰的使用，都已步入中国古代建筑的萌芽阶段，成为中国古代建筑以后历代发展的基础。

中国古代建筑的发展具有自己鲜明的特色，就是以中国文化为中心，以汉族文化为主体，在漫长的发展过程中，始终完整地保持了体系的基本性格。中华先祖从穴居到巢居，发明一米高的茅屋，再到建筑高大宽敞的宫室，最初只是为了寻找一个遮雨避寒的住所，而后开始架构远离暑潮的乐园，再到崇尚、表现高大雄伟的壮美之感。随着生产力的不断发展以及青铜、铁器的相继出现和规模性应用，为建筑增加了新的元素、注入了新的活力。建筑也随着人类生产力的不断提高和经济的发展而取得不断进步。

有巢氏——一个真实的神话

有巢氏，也称"大巢氏"，中国古代神话中发明"巢居"的英雄人物。有巢氏居住在今长江下游一带，生活在距今约几万年前的旧石器时代晚期。

原始社会的中华先民，最初是一群一伙地住在天然山洞里。那时人少、禽兽多，又没有箭弩一类的武器，抵御不住猛禽恶兽的袭击，常常遭受伤害。

传说有巢氏身体强壮，勇敢过人，善于捕猎，充满聪明智慧，遇事总有办法。有一次他射伤了一只鸟，一路追到山下，鸟飞上高高的树梢，钻进了自己的窝中。他正想爬上去抓，忽然一阵雨把他淋得浑身湿透，可鸟在窝里却安然无事。有巢氏于是便受到启发，心想怎么人还不如鸟啊？鸟还会筑一个窝遮风挡雨，人就不能给自己造一个巢吗？于是他爬到树梢上，仔细观察了鸟巢的做法。回到山洞旁树林里，拣来木棍、树枝、藤条、枯草等，尝试着在树上搭建窝棚。经过反复的摸索和尝试，终于搭建好了一个结实的巢，他又铺上厚厚的枯草，窝里又暖和又安全，比睡在潮湿的山洞地上舒服多了！

为了让大家都能住上树上的窝棚，有巢氏指导人们用树枝和藤条在高大的树干上建造房屋，房屋的四壁和屋顶都用树枝遮挡得严严实实，既挡风避雨，又可防毒蛇猛兽的攻击，人们从此不再过那种担惊受怕的日子了，家园的梦想终于成为现实。有巢氏教会了原始先民们筑巢为室，因此开创了中华的巢居文化。最早的巢居又称为"树上居"，顾名思义，房屋是建在树上的，后来才延伸到了平地上。

有巢氏的做法真实反映了当时人类发展的一个阶段，展示了从旧石器到新石器时代人类创造的古代文明，有巢氏所开拓的由洞穴而居的原始时代发展到建造房屋的文明时代，是人类文明一大进步的标志。

有巢氏的传说，是一个真实的神话。这种用枝条搭成的鸟巢式树上房屋，确实是人类最早住所的形式之一。另外一种形式，就是把天然的洞穴略加改造后成为住所。中华祖先原始的居住形式就是穴居和巢居。穴居——寻找遮雨避寒的住所，巢居——架构远离暑潮的乐园，这是中国建筑的起源。

单株巢居

早在50万年前的旧石器时代，中国原始人群就已经知道利用天然的崖洞作为居住之所。到了距今约5万年以前的旧石器时代后期，中华祖先就在黄土地层上挖掘人工洞穴，作为居住之所。到了距今约6000—8000年的新石器时代，黄河中游的氏族部落，把木材进一步加工为柱子和椽（chuán）子，然后建成原始的半穴居木结构建筑物，墙壁则是先竖立一排小木柱或芦苇，再涂上泥土做成。以后逐步发展为地面上的房屋，并形成聚落，最具代表性的如西安半坡遗址、临潼姜寨遗址。如西安半坡村有建造在地面上的方形或圆形的房子。它的建造方法是直接在地面竖立柱子，柱上架横梁和木椽，再盖上"人字形"的屋顶，并且前后都有出檐。这种房子的式样已经具有后代平房建筑的雏形了。

穴居时代积累了对黄土地层的认识和夯筑的技能，在搭盖穴口顶盖的过程中也积累了木材性能的知识和加工的经验技巧。穴口周围堆土夯实，以防地面水流入穴内；顶盖上留出洞口，以便排烟通风等。这些措施逐渐形成了某些固定的屋顶形式。这些聚落中，居住区、墓葬区、制陶场，分区明确，布局有致。木构架的形制已经出现，房屋平面形式也因造作与功用不同而有圆形、方形、吕字形等。这是中国古代建筑的草创阶段。

半坡遗址住房模型

真正意义上的建筑诞生在长江流域，因潮湿多雨，常有水患兽害，"巢居"已逐步发展为初期的干栏式木结构建筑。中国新石器时代的河姆渡文化、马家浜文化和良渚文化的许多遗址中，都发现埋在地下的木桩以及底架上的横梁和木板，表明当时已经从巢居逐步发展成桩基和木材架空的干栏构造（干栏式建筑就是先在地面上

河姆渡干栏式建筑

用木柱做桩，构成一个底架，然后在底架上铺设木板，建成类似现代阁楼的形式），它具有通风、防潮、防盗、防兽等优点，非常适用于气候炎热、潮湿多雨的南方地区。

如河姆渡人的干栏式房屋全高有 3 米多，其中底层高 1 米左右，大概作为饲养猪、狗、羊和水牛之用；上层住人，高 2 米多，铺有厚木板作为楼板。屋顶是用芦苇和茅草盖成的。这种房子一排连着一排，每排相距约 3 米左右。在河姆渡发现的木结构建筑的另一个特点是首次使用的榫卯结合的方法。当时已有圆形榫、凸形方榫和带圆眼榫的区分，卯眼也有圆有方，是中国建筑史上最早使用榫卯技术建造木结构房屋的一个实例，反映了我国木工技术早在 7000 年前就已经达到了一定的水平。木构架建筑是中国古代建筑的主流，由此我们将干栏式建筑看作是中华建筑文明之源。

此外，龙山文化的住房遗址已有家庭私有的痕迹，出现了双室相连的套间式半穴居，平面成"吕"字形。套间式布置也反映了以家庭为单位的生活。在建筑技术方面，开始广泛地在室内地面上涂抹光洁坚硬的白灰面层，使地面起到防潮、清洁和明亮的效果。在山西陶寺村龙山文化遗址中已出现了白灰墙面上刻画的图案，这是中国已知的最古老的居室装饰。

在原始社会早期，生产力水平极为低下，人们对于生存空间的需求，也仅限于遮风避雨、抵御毒蛇猛兽的侵袭。随着社会生产力水平的提高，建筑无论是在形式还是文化内容方面都获得了显著的发展。到了新石器时代，在建筑空间与体形的处理上，由单间发展到套间和连间；墙体的构造，由木骨泥墙、乱石墙发展为土坯墙和版筑墙；柱基础由掺杂料姜石、陶片等骨料的夯筑到础石的应用；居住面、墙面由简易的草筋泥到石灰抹面；并在墙上出现彩绘装饰以及整个建筑由地下（穴居）、树上（巢居）转到地面建筑及架空式建筑，甚至夯筑台基等。可以说，新石器时代是我国古代建筑体系的萌芽时期。

知识链接

世界三大建筑体系

建筑是凝固的文化，建筑更是民族和文明的个性体现。古代世界的建筑因文化背景的不同，曾经有过大约7个独立体系，其中有的或早已中断，或流传不广，成就和影响也就相对有限，如古埃及、古代西亚、古代印度和古代美洲建筑等，只有中国建筑、欧洲建筑、伊斯兰建筑被认为是世界三大建筑体系，又以中国建筑和欧洲建筑延续时代最长、流域最广，成就也更为辉煌。

中国建筑体系

在5000年的悠久历史中，中华先祖创造了辉煌的建筑文化，中国的古代建筑是世界上历史最悠久、体系最完整的建筑体系，从单体建筑到院落组合、城市规划、园林布置等在世界建筑史中都处于领先地位。经过几千年的形成、发展、成熟、演变的过程，形成了中国建筑体系的特点。

（1）"墙倒屋不倒"，概括出中国古代建筑在建筑结构上最重要的一个特点，就是巧妙而科学的框架式木结构体系。

（2）中国古代建筑在庭院式的组群布局，简单明了，每一处住宅、宫殿、衙门、寺庙等建筑，都是由若干单座建筑和一些围廊、围墙之类环绕成一个个庭院而组成的。大多庭院都是前后串联起来，这种庭院的组群与布局，一般都是采用均衡对称的方式，沿着纵轴线与横轴线进行设计。比较重要的建筑都安排在纵轴线上，次要的房屋安排在它左右的横轴线上，北京的故宫和北方的四合院是最能体现这一组群布局原则的典型实例。

组群布局典例——北方四合院落

（3）丰富多彩的艺术形象：①富有装饰性的屋顶，中国古典建筑的屋顶有5种基本的式样：庑殿顶、歇山顶、悬山顶、攒尖顶、硬山顶；②衬托性建筑的应用，阙、华表、牌坊、照壁、石狮等；③中国古代的建筑师最敢于、最善于使用色彩。南北地域有所不同，北方一般用黄、绿、蓝，南方多用白墙、灰瓦和栗、黑、墨绿等色的梁柱形成淡雅秀丽的格调。

欧洲建筑体系

欧洲建筑是分布在欧洲的古代建筑的统称。其风格在建造形态上的特点是：简洁、线条分明、讲究对称、运用色彩的明暗来造成视觉冲击，在意态上则使人感到雍容华贵、典雅，富有浪漫主义色彩。

欧洲建筑风格主要包括：巴洛克建筑、法国古典主义建筑、哥特式建筑、古罗马建筑、浪漫主义建筑、罗曼建筑、洛可可风格、文艺复兴建筑等。

巴洛克建筑：原意为畸形的珍珠，其艺术特点就是怪诞、扭曲、不规整，是17和18世纪在意大利文艺复兴建筑基础上发展起来的。其建筑特点既富丽堂皇又新奇欢畅，具有强烈的世俗享乐的味道，对城市广场、园林艺术以至于文学艺术等部门都产生过影响。

法国古典主义建筑：法国在17—18世纪初，竭力崇尚古典主义建筑风格，建造了很多古典主义风格的建筑。古典主义建筑造型严谨，普遍应用古典柱式，内部装饰丰富多彩。代表作是规模巨大、造型雄伟的宫廷建筑和纪念性的广场建筑群。如巴黎卢浮宫的东立面、凡尔赛宫和巴黎伤兵院新教堂等。

哥特式建筑：11世纪下半叶，首先在法国兴起，13—15世纪流行于欧洲的一种建筑风格。总体风格特点空灵、纤瘦、高耸、尖峭。它们直接反映了中世纪新的结构技术和浓厚的宗教意识。哥特式教堂的结构体系由石头的骨架券和飞扶壁组成，另一特色是有大面积的彩色玻璃窗。

古罗马建筑：继承发展古希腊辉煌建筑成就，在1—3世纪达到西方古代建筑极盛高峰。主要特点为大型建筑物风格雄浑凝重，构图和谐统一，形式多样。

浪漫主义建筑：是18世纪下半叶到19世纪下半叶，欧美一些国家在文学艺术中的浪漫主义思潮影响下流行的一种建筑风格。代表作是英国议会大厦。浪漫主义建筑特点为追求超尘脱俗的趣味和异国情调。

法国巴黎凡尔赛宫

罗曼建筑：又译作罗马风，原意为罗马建筑风格的建筑，是10—12世纪欧洲基督教流行地区的一种建筑风格。罗曼建筑风格多见于修道院和教堂，承袭初期基督教建筑。

文艺复兴建筑：15世纪产生于意大利，后传播到欧洲其他地区，形成带有各自特点的各国文艺复兴建筑。最明显的特征是，摆脱中世纪哥特式建筑风格，在宗教和世俗建筑上重新采用古希腊罗马时期的柱式构图要素。

伊斯兰建筑体系

伊斯兰建筑，西方称为萨拉森建筑。基本建筑类型有4种：清真寺、墓穴、宫殿和要塞。伊斯兰建筑以阿拉伯民族传统的建筑形式为基础，借鉴吸收了两河流域、比利牛斯半岛以及世界各地、各民族的建筑艺术精华，以其独特的风格和多样的造型，创造了一大批具有历史意义和艺术价值的建筑物。

伊斯兰建筑样式在先知穆罕默德时期后不久，就在罗马、埃及、拜占庭及波斯萨珊等建筑的基础上发展起来并成形。

伊斯兰教建筑的主题总是围绕着重复、辐射、节律和有韵律的花纹。从这个角度看，分形成为了一个重要的工具，特别是在清真寺和宫殿。主题包含的其他重要细节包括高柱、墩柱和拱门，并轮流交织在壁龛和柱廊。圆顶在伊斯兰教建筑中所扮演的角色也是非常重要的，它的使用横跨了几个世纪。圆顶首次出现在691年耶路撒冷的圆顶清真寺的建筑上，并使用了风格化的重复装饰花纹，即阿拉伯式花纹。圆顶在17世纪的泰姬陵再次出现。19世纪，伊斯兰圆顶被融合到西方的建筑中。

伊拉克的萨迈拉大清真寺完成于847年，这个建筑现存有宣礼塔，又称拜楼、光塔（灯塔的意思），是清真寺常有的建筑，用以召唤信众礼拜（早期用火把照明，后期由专人呼叫，现代采用扩音器）的基础上结合了多柱式建筑。

泰姬陵

中国古代建筑常识

榫　卯

榫卯（sǔn mǎo），是中国古代木结构建筑的主要结构方式，是中国古代建造智慧的核心代表。

所谓榫卯，就是在两个木构件上采用凹凸部位相结合的一种连接方式。凸出部分叫榫（或叫榫头），凹进部分叫卯（或叫榫眼、榫槽）。不需要任何钉子等五金部件或胶水，通过一凹一凸的无缝链接，极强的咬合力可以把木制零件牢牢地固定在一起，是中国传统建筑的精髓所在。

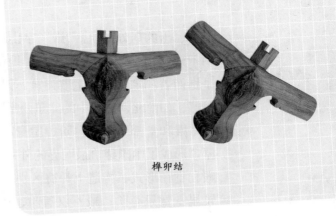

榫卯结

中国古代建筑以木构架结构为主要结构方式，由立柱、横梁、顺檩等主要构件建造而成，各个构件之间的结点以榫卯相吻合，构成富有弹性的框架。

榫卯结构是榫和卯的结合，是木件之间多与少、高与低、长与短之间的巧妙组合，可有效地限制木件向各个方向的扭动。最基本的榫卯结构是由两个构件组成，其中一个的榫头插入另一个的卯眼中，使两个构件连接并固定。榫头伸入卯眼的部分被称为榫舌，其余部分则称作榫肩。

榫卯是中国木结构建筑上极为精巧的发明，榫卯结构可以很好地解决木质材料的缩胀引起的变形、开裂、松动而造成的整体结构松散或坍塌。这种构件连接方式，使得中国传统的木结构成为特殊柔性结构体，超越了当代建筑排架、框架或者钢架的刚性结构体，其不但可以承受较大的荷载，而且允许产生一定的变形，在地震荷载下通过变形抵消一定的地震能量，减小结构的地震响应。

榫卯结构广泛用于中国古代建筑的各种房屋、殿宇、寺庙等建筑，虽然每个构件都比较单薄，但是它整体上却能承受巨大的压力。这种结构不在于个体的强大，而是互相结合、互相支撑，这种结构成了中国古代建筑的基本模式。

殿　　堂

殿堂是中国古代建筑群中的主体建筑，包括殿和堂两类建筑形式，其中殿为宫室、礼制和宗教建筑所专用。

堂、殿之称均出现于周朝。"堂"字出现较早，原意是相对内室而言，指建筑物前部对外敞开的部分。堂的左右有序、有夹，室的两旁有房、有厢。这样的一组建筑又统称为堂，泛指天子、诸侯、大夫、士的居处建筑。"殿"字出现较晚，原意是后部高起的物貌；用于建筑物，表示其形体高大，地位显著。自汉朝以后，"堂"一般是指衙署和宅第中的主要建筑，但宫殿、寺观中的次要建筑也可称"堂"，如南北朝宫殿中的"东西堂"、佛寺中的讲堂、斋堂等。

殿和堂都可分为台阶、屋身、屋顶三个基本部分。其中台阶和屋顶形成了中国建筑最明显的外观特征。因受封建等级制度的制约，殿和堂在形式、构造上都有区别。殿和堂在台阶做法上的区别出现较早：堂只有阶；殿不仅有阶，还有陛，即除了本身的台基之外，下面还有一个高大的台子作为底座，由长长的陛级联系上下。殿一般位于宫室、庙宇、皇家园林等建筑群的中心或主要轴线上，其平面多为矩形，也有方形、圆形、工字形等。殿的空间和构件的尺度往往较大，装修做法比较讲究。堂一般作为府邸、衙署、宅院、园林中的主体建筑，其平面形式多样，体量比较适中，结构做法和装饰材料等也比较简洁，且往往表现出更多的地方特征。

中华第一城

被誉为"中华第一城"的，就是良渚古城。

2007 年 11 月，良渚文化核心区域发现了一座古城遗址——良渚古城。考古学界测定，良渚文化时期距今约 4000—5300 年，处于新石器时代晚期、尧舜禹时代早期。良渚古城发现的意义不亚于殷墟的发现，因为长江中下游地区之前还从未发现良渚文化时期的城址，它是目前所发现的同时代中国最大的古城遗址，作为证实中华五千年文明史的最具规模和水平的地区之一，良渚古城的发现，有助于厘清史料中没有记载的夏、商、周之前的那段历史。

良渚古城（公元前 3300—前 2300）位于浙江省杭州市余杭区瓶窑镇内，是中国长江下游环太湖地区的一个区域性早期国家的权力与信仰中心所在。良渚古城是长江下游地区首次发现的新石器时代城址，在陕西神木石峁遗址发现之前，是中国最大的史前城址，一直被誉为"中华第一城"。

良渚古城，东西长约 1 500 ～ 1 700 米，南北长约 1 800 ～ 1 900 米，总面积达 290 多万平方米，大小与颐和园相当，略呈圆角长方形，正南北方向。城墙底部铺垫石块作为基础，宽度 40 ～ 60 米，基础以上用较纯净的黄土堆筑，部分地段地表以上还残留 4 米多高城墙。共发现 6 座水门。城市的普通居民住在城的外围，贵族住在城中央的 30 万平方米的莫角山土台上。如此浩大的工程，其石料量、土方量及工匠数量可想而知。明朝修建的故宫占地只有 72 多万平方米，却也要役使百万夫役，历经 14 年时间。可以想象，良渚古城是一个多么大体量的建筑。

已经发现的良渚古城遗址，从其位置、布局和构造来看，专家认为当时有宫殿，生活着王和贵族，如今又找到了城墙，相当于良渚时的首都。由此，良渚古城可能已和"国家"这种状态密切相连。良渚古城的发现，有人认为中国朝代的断代应从此改写——由现在认为的最早朝代夏、商、周，改成良渚。

良渚文化的分布主要在太湖流域，包括余杭良渚，还有嘉兴南、上海东、苏州、常州、南京一带；再往外，还有扩张区，西到安徽、江西，往北一直到江苏北部，接近山东，曾经良渚人为了占领这里，还打了一仗；再往外，还有延展影响区，一直到山西南部地带。可以看出，当时"良渚"势力占据了大半个中国，如果没有较高的经济文化水平，是不可能做到的。

在目前发现的代表中国早期文明的大遗址中，良渚遗址的规模最大、水平最高、类型丰富、格局完整，揭示了中华文明国家起源的基本特征，为中华文明"多元一体"的发展特征提供了最完整、最重要的考古学物证，是实证中华五千年文明史的最具规模和水平的地区之一。特别是良渚古城，在建筑规模和文化内涵上，在世界同类遗址中都极为罕见，被誉为"中华第一城"。它改变了原本以为良渚文化只是中华一抹文明曙光的认识，标志着良渚文化其实已经进入了较为成熟的史前文明发展阶段。

良渚文化距今约4300—5300年，大体与古埃及文明、苏美尔文明、印度哈拉帕文明同处一个时代。众所周知，中华文明有五千年历史，

良渚出土的黑陶三足盉

是世界四大古老文明之一，又是其中唯一未曾中断、延续至今的文明，为世界人类文明的发展做出了持续而独特的贡献。而良渚古城便是实证中华文明五千年历史最有力的证据。

从 1936 年首次发现良渚黑陶以来，80 多年的考古发掘在不断刷新着我们对良渚文化，以及对中华文明的认知。良渚遗址先后获得了八项"中国十大考古新发现"、一项"世界十大考古新发现"。特别值得一提的是，良渚古城由内而外具有宫城、内城、外郭的完整结构，是中国古代都城三重结构的起源，将杭州的建城史向前推进了 3000 多年；而 2015 年发现良渚古城外围存在距今已有 5000 多年历史的大型水利工程系统，改写了中国水利史。专家认为，这是目前已知的世界上规模最大、功能最完备的大型水利系统。

良渚古城遗址发现的重大意义就在于，改变了过去国际学术界认为中国的文明始于商朝，或至多始于 4000 多年前的看法，而良渚文化将中华文明的历史提前了 1000 年，标志着中华先祖已经从"文明曙光"开启了"文明之光"。

习近平总书记指出："良渚遗址是实证中华五千年文明史的圣地，是不可多得的宝贵财富，我们必须把它保护好。"

2018 年 1 月 26 日，中国联合国教科文组织全国委员会秘书处致函联合国教科文组织，正式推荐"良渚古城遗址"作为 2019 年世界文化遗产申报项目，申报世界遗产范围最终确定为：良渚古城、瑶山遗址、良渚古城外围水利系统。

四大文明古国

古埃及文明

古埃及文明是指在尼罗河第一瀑布至三角洲地区，时间断限为公元前5000年的塔萨文化到641年阿拉伯人征服埃及的历史。专家们实际探讨古埃及文化的时间范围，是公元前3100年埃及南、北王国的首次联合，到公元前30年罗马帝国屋大维攻占埃及，克利奥帕特拉七世自杀，托勒密王朝覆灭，埃及并入罗马帝国。亦即通常所说的历史三千多年的法老王朝。古埃及文化是人类四大文明发祥地之一，也是阿拉伯文化的源头之一。

苏美尔文明

苏美尔文明实际是城市、城邦文明。苏美尔人是在世界历史上最早建立城市的民族。早在公元前4300—前3500年，苏美尔人就在两河流域（底格里斯河和幼发拉底河）之间的美索不达米亚平原发展起来的文明，是西亚最早的文明，而苏美尔人则是这一文明的伟大创建者。城市的建立，标志着两河流域南部地区氏族制度的解体和向文明时代的过渡。苏美尔文明的一个重要特征是文字的发明和使用。苏美尔文明是早期最有创造性和发明精神的人类文化之一。

印度哈拉帕文明

公元前2600年开始，印度河流域古文明勃兴于今日的巴基斯坦和印度境内，与苏美尔、埃及、中国并称为四大文明古国，但向来我们对印度古文明的了解最少。

在印度河城市废墟中，挖掘出许多装饰、贸易和仪式用的手工制品。经仔细考察，科学家已经重建出当时老练工匠的制造技术，考古学家从他们制作精美的手工艺品寻找线索，终于为这个灭绝的文明，勾勒出更翔实的面貌。

哈拉帕全盛时期，占地超过150万平方米，城内有供饮用的水井，棋盘式街道上建有多层楼房，房舍配有沐浴区、厕所、污水处理系统。这个遗址也首度显示，当时的人已会在陶器上草草写上抽象符号（即象形文字）。最新的研究显示，这些符号中有些在日后正式的印度字母表中保留了下来，和约公元前3500年刻在陶器、泥板上的美索不达米亚语符号以及约公元前3200年刻在陶器、泥板上的埃及语符号，几乎一样古老。

中国第一个王朝都城疑云

二里头，位于河南省洛阳盆地东部的偃师市境内一个极为普通的小村庄，却隐藏着中华民族的重大秘密：这里居然是中国第一个王朝的都城所在地，上演过夏朝的繁荣和夏、商王朝更替的风云变幻。

但是，其究竟是夏朝首都还是商朝首都，至今仍没完全确定。

随着研究的深入，二里头文化的主体为夏人遗存的观点逐渐被大多数学者所接受，学术界也都倾向于二里头是夏王朝中晚期的都城之所在。这或许预示着不久的将来，中国第一个王朝都城的年代疑云将会被解开。

中国最早的王国都城遗址——二里头，沿古伊洛河北岸呈西北—东南向分布，东西长约 2 400 米，南北宽约 1 900 米，北部为今洛河冲毁，现存面积约 3 平方千米。其中心区位于遗址东南部的微高地，分布着宫殿基址群、铸铜作坊遗址和中型墓葬等重要遗存；西部地势略低，为一般性居住活动区。遗址的东部边缘地带发现有断续延伸的沟状堆积，已探明长度逾 500 米，可能是建筑用土或制陶用土的取土沟，同时也具有区划作用，形成遗址的东界。

相传夏朝的最后一个国王桀，曾经耗费了大量的人力物力来建造非常奢侈的"琼宫"和"瑶台"。这类宫殿究竟是什么模样呢？

1959 年发现的河南省洛阳市偃师县二里头村遗址，是我国已知最早的大型宫殿基址，距今约 3550—3850 年，相当于我国历史上的夏、商王朝时期。而考古发现始建于二里头文化晚期的 1 号、2 号宫殿基址，是此前学术界确认的我国最早的大型宫殿基址。这与历史上记载的夏朝宫殿年代非常接近。

这座宫殿遗址的总面积达 10 000 平方米，占地达 1 万平方米之多。它的台基高出地面，台基中部建有一个坐北朝南的长方形殿堂，面积有 346 平方米。殿堂的四周由檐柱和挑檐柱支撑，构成了四坡出檐式的大屋顶。殿堂基座的底部铺垫有鹅卵石和夯土层。柱子洞的底部也用大小不一的自然石块作为柱础。

宫殿前面是一个广阔而平整的庭院，周围用彼此相连的廊庑作为宫墙。宫殿的大门开在正南面，是一座面阔八间的牌坊式建筑。在这组殿堂的东北角，还开有一个后门。这种由殿堂、廊庑、庭院和前、后门组成的宫殿，是我国古代宫殿建筑中常见的形式，但以这一组宫殿的年代为最早。

考古发掘和研究情况表明，这里是公元前 2000 年上半叶中国乃至东亚地区最大的聚落，它拥有目前所知中国最早的宫殿建筑群、最早的青铜礼器群及青铜冶铸作坊，是迄今为止可确认的我国最早的王国都城遗址。

夏朝和商朝是中国建筑体系的初始期，两朝不仅出现了壁垒森严的城市和建于夯土台上的大殿，中国传统建筑的基本空间构成要素——廊院（廊院是一种建筑形式，其在中轴线上设置主建筑和次要建筑，在两侧用回廊把建筑连接起来，形成院落也产生了。

廊院

中国古代建筑获得了发展，则归功于青铜器的发明和使用，使得夏商时期建筑技术显著提高。

由此可知，我国早期的宫殿建筑出现于河南省偃师市二里头文化晚期，尽管当时房屋简陋，茅草盖的屋顶，泥土砌的台阶，建筑装饰上也不过是使用蛤壳烧制而成的石灰材料作为吸湿防潮，用白色土来粉饰墙壁而已，但却是我国从原始建筑向传统建筑转变的一个关键时代。

中国建筑工匠的祖师爷——鲁班

春秋（公元前 770—前 476）战国（公元前 475—前 221）时期，中国建筑上的重要发展是砖、瓦的普遍使用，以及作为诸侯宫殿建筑的特色是"高台榭、美宫室"，极尽奢侈华丽。这一方面是高台建筑有利于防刺客、防洪水、可供帝王生活享乐的需要，另一方面也是由于建筑技术的原因，当时要修建高大的建筑，要依傍土台才能建造成功。各诸侯国建造了大量高台宫室，一般是在城内夯筑高数米至十多米的土台若干座，上面建殿堂屋宇。随着诸侯日益追求宫室华丽，建筑装饰与色彩也更为多样，如《论语·公冶长》："臧文仲居蔡，山节藻棁。"意思就是臧文仲建造宗庙，斗拱雕成山形，梁上、柱子上画水草图案，盖得像天子宗庙一样。《左传》记载鲁庄公丹楹（红柱）上刻镯、刻橡，说明当时一些人的住居豪华奢侈，超越了礼制上的规定，已经司空见惯。

城市规模扩大是这一时期的特点。战国七雄各国的都城都很大，以齐国的临淄为例：大城南北长 5 千米，东西宽约 4 千米，城内居民达 7 万户。大城西南角有小城，推测是齐国宫殿所在地，其中有高达 16 米的夯土台。在河北平山县的战国中山王的墓中出土了一块铜板错银的"兆域图"，该图大体上是按一定比例制作的，有名称、尺寸、地形位置的说明，并有国王诏令。此图被誉为中国现在已知的最早的建筑总平面图。

中山王墓出土错金银北域图铜板

鲁班画像

春秋战国是一个社会大动荡的年代，也是人才大爆炸的时期，除了诸子百家之外，各行各业也都是人才辈出，涌现出了许多的名人，诞生了不少的行业始祖。位于山东半岛的齐、鲁两国，更是当时建筑名匠辈出的地方。

杰出的建筑名匠——鲁班，就诞生于这一时期。鲁班（约公元前 507—前 444），姓公输，名般。又称公输子、公输盘、班输、鲁般。春秋末期到战国初期鲁国人（都城山东曲阜，故里山东滕州），"般"和"班"同音，古时通用，故人们常称他为鲁班。出身于世代作工匠的家庭里，从小就跟随家里人参加过许多土木建筑工程劳动，积累了丰富的实践经验。

战国时期铁器的发明和使用，大大促进了建筑工具的改良和进步。鲁班在许多领域有着众多的发明创造，尤其是像铁制斧头、锯子、锥子、凿子、刨子和画线用的墨斗等土木工具，改进了画直角的短尺，所以后代称为"鲁班尺"，使当时工匠们得以从原始、繁重的建筑工程劳动中解放出来，大大提高了土木行业的工作效率，使建筑土木工艺出现了崭新面貌。他的发明创造得到后人推崇与研究。

当然，上述这些发明，未必都是鲁班一个人所创造的，可能是同时代优秀匠师们共同的成果。由于这些匠师们没能留下姓名，所以后人就将这些发明归功于鲁班，尊称其为中国建筑土木工匠的祖师爷。

尤其值得一提的是，2500多年前，鲁班在没有钉子、绳子的情况下，发明了将6根木条交叉固定在一起的做法，人们将这6根木条交叉固定物称之为"鲁班锁"。"鲁班锁"是聪明智慧的化身，实际就是中国首创的木制卯榫结构，卯榫是两个木构件之间采用一种凹凸处理的接合方式进行连接的结构，凹进部分叫卯，凸出部分叫榫。其特点是不需要使用钉子、绳子，完全靠自身结构的连接支撑，外观看似严丝合缝的十字立方体，但拼插器具内部的凹凸部分咬合，使鲁班锁易拆难装。鲁班锁及其所代表的卯榫结构形成了中国古代传统土木建筑固定结合器，民间还有"憋闷棍""六子联方""难人木"等叫法，中国古代建筑正是在这种智慧的支撑下营造和发展起来的。

传说"鲁班锁"是鲁班为了测试儿子是否聪明，用6根木条制作的一个可拼可拆的玩具。现在，形形色色的"鲁班锁"已成为广泛流传的益智玩具。据统计，6根"鲁班锁"可组成的样式多达119 963种，可见其奥妙之深。

鲁班锁的榫卯结构原理不仅大量应用、出现于中国古代建筑设计中，直到今天还为人们所使用。例如，上海世博会山东馆的"地标性"符号之一，就是一个由LED模块组合而成的

民国鲁班锁线轴

长宽高都达到 5.3 米的巨大鲁班锁，它能形成 30 个显示面，组成一段完整的电影片段。

2014 年 10 月 10 日，出访的国务院总理李克强向德国总理默克尔赠送了一枚精巧的鲁班锁，被认为表达了中方愿将"中国智慧"与"德国技术"完美结合，推动中德制造业合作向创新和高科技迈进，共同破解世界性难题，开启美好的未来期许和愿望。

如今，鲁班不仅受到中国人士所推崇，如曲阜、青岛、大连、天津等地每年均举办鲁班文化展览、纪念鲁班等活动，也受到海外人士敬仰，越南、马来西亚、韩国、日本等国家均设有鲁班庙，每年也都会举办大型祭祀鲁班的活动。

知识链接

兆域图——中国现存最早建筑总平面图

兆域图，一种铜版地图，它于 1977 年在河北省平山县战国中期（约公元前 310 年）中山国第 5 代国王王陵地宫出土，距今已有 2300 多年的历史。是中国现在已知的最早的建筑总平面图。"兆"是中国古代对墓域的称谓，"兆域图"则是标示王陵方位、墓葬区域及建筑面积形状的平面规划图。它长 96 厘米，宽 48 厘米，厚 0.8 厘米，重 32.1 千克。兆域图铜版正面为金银镶嵌王陵布局平面图，具有地图的特点。此图分率为五百分之一比例，是我国迄今为止发现的年代最早的建筑设计规划图，也是世界上最早有比例的建筑设计平面图。

由此可知，在春秋战国时期，为帝王诸侯设计陵园的专职官员已经出现，并绘制成一式两份的"兆域图"作为建筑的依据，标志着远在 2300 多年前，中国建筑师卓越的聪明才智和创造力。它比国外最早的罗马帝国时代的地图还要早 600 年。

世界建筑学的经典著作——《考工记》

古代中国建筑师撰写的《考工记》和古希腊建筑师维特鲁威写的《建筑十书》，都可看作是世界建筑学上难能可贵的经典著作。

《考工记》，又称《周礼·考工记》，主体内容编纂于春秋末至战国初，部分内容补于战国中晚期，是中国目前所见年代最早、最完整的建筑技术书籍。全书共 7 100 余字，记述了木工、金工、皮革、染色、刮磨、陶瓷六大类 30 个工种的内容，涉及数学、地理学、力学、声学、建筑学等多方面的知识和经验总结，反映了当时中国所达到的科技及工艺水平。

中国古代的城市，特别是都城和地方行政中心，往往是按照一定的制度进行规划和建设的。《考工记·匠人》篇的"匠人建国""匠人营国""匠人为沟洫"3 节分别具体明确记载了周朝城市规划和建设制度。城的大小因受封者的等级而异，其城邑建设体制将城邑分为 3 级，即王城、诸侯城（诸侯封国的国都）、和都（宗室、卿大夫的采邑）。而城内道路的宽度、城墙的高度和建筑物的颜色都有等级区分，侯国和封邑要参照王城的标准，按一定的差额逐级降格建筑，等级分明，不得超越本分。

《周礼·考工记》比较详细地总结了当时的建筑工艺和其他工种的经验。书中第一次明确地提出了城市建设规划，尤其是都城的建设原则，比如说："匠师营造国都时，面积应有 9 里见方，每边开 3 座门；都城里的道路应该是纵横各有 9 条，其中南北的大路要特别宽，能够容纳 9 辆马车同时行驶；应该把祭祀国王祖先的太庙安排在左方，把祭祀农业之神的社稷庙安排在右方，把王宫安排在南面，市场安排在北面"等。这些原则，对于后世都城建设的规划布局产生了重大影响，如元朝的首都大都城和明清的北京城，基本上都是严格遵循上述原则的。

《考工记》对当时营造宫室的屋顶、墙、基础和门窗的建筑构造已有记述，而在关于建筑装饰艺术上的追求华丽、俊美的思想，渗透在"匠人营国"的建筑实践里，体现在灵动的飞檐、曲美的屋顶等建筑装饰部分。书中描绘、勾画的样式，给人以最强烈的视觉冲击的是那种严整有序、雄浑壮阔的建筑主体所展示的一种压倒一切、无可比拟的声威和气势。

《考工记》还记载了白天如何应用日影，晚上如何应用月影来测定方向，记录了房屋地基如何取正、定水平和计算度量的标准等。此外，又记述了当时手工业的其他工种，如木工分作 7 部，金工分作 6 部，皮革工、设色工和刮磨工各分作 5 部，以及陶工分作 2 部的情况，其中不少工种都与建筑业有关。这些建筑经验的总结，再加上铁制工具的普遍使用，使我国的建筑进入了一个新的阶段。

《考工记》中还分别对夏朝的"世室"（即宗庙，古代帝王、诸侯祭祀祖宗的地方）、商朝的殷人"四阿重屋"（"四阿"是指四面坡，"重屋"是指两重檐。是古时高大的殿堂为了保护夯土台基和檐柱、土墙，同时不影响通风和日照及屋盖高耸而形成的一种建筑风格，以二里头宫殿基址为典型），和周朝"明堂"（古代天子朝会及举行封赏、庆典等活动的地方）的建筑设计进行了追述。

《考工记·匠人》是我国现存古籍中最早、最完整有关建筑的文献资料，对后代城市建设产生了极为重大的影响。

知识链接

《建筑十书》

《建筑十书》是西方古代保留至今唯一最完整的古典建筑典籍，于公元前 27 年由古罗马建筑师维特鲁威撰写，约于公元前 14 年出版。全书分 10 卷，书中论述了建筑教育、城市规划和建筑设计基本原理、建筑材料、建筑构图原理、施工工艺、施工机械和设备等。书中记载了大量建筑实践经验，阐述了建筑科学的基本理论，总结了古希腊建筑经验和当时罗马建筑的经验。

《建筑十书》提出建筑学的基本内涵和基本理论，建立了建筑学的基本体系。主张一切建筑物都应考虑"适用、坚固、美观"，提出建筑物的"均衡"的关键在于它的局部。此外，在建筑师的教育方法修养方面，特别强调建筑师不仅要重视才，更要重视德。这些论点直到今天还具有指导意义。

《建筑十书》对于 14—16 世纪的欧洲文艺复兴时期的城市规划和建筑产生很大影响，对 18 和 19 世纪中的古典复兴主义亦有所启发，至今仍是一部具有参考价值的建筑科学全书。

2 中国建筑的第一个高峰——秦汉建筑

　　秦汉建筑是在春秋战国以来，已初步形成的某些重要特点的基础上发展而来，秦汉的统一促进了中原与吴楚南方建筑技术的交流，建筑规模更为宏大，组合更为多样。

　　秦汉时期，中国古代建筑在自己的历史上出现了第一次发展高峰。其木构架结构技术已日渐完善，重要建筑物上普遍使用斗栱。多层建筑逐步增加，屋顶形式多样化，庑殿、歇山、悬山、攒尖、囤顶均已出现，有的被广泛采用。制砖及砖石结构和拱券结构也有了新的发展，石料的使用逐步增多，东汉时期出现了全部石造的建筑物，如石祠、石阙和石墓。

　　秦王朝历史虽然短暂，但在建筑上留下的卓越业绩，形成了丰富的建筑类型，如阿房宫、骊山陵、万里长城，以及通行全国的驰道和远达塞外的直道等，这些建筑工程浩大宏伟，对于后世建筑的发展带来了巨大影响。

　　汉朝高台建筑减少，多屋建筑大量增加，庭院式的布局已基本定型，并和当时的政治、经济、宗法、礼制等制度密切结合，足以满足社会多方面的需要。西汉兴建的长安城、未央宫、建章宫等宫殿突出雄伟、威

阿房宫

万里长城

严的气势，后苑和附属建筑却又表现出雅致、玲珑的柔和之美。这些大规模工程，在施工的组织和实施方面，必定十分复杂艰巨，然而又都能得到顺利解决，反映了当时在建筑方面所取得的成功和经验。

东汉于 25 年定都洛阳。都城内有东西两宫，两宫之间以阁道相通。文献上记载东汉的宫室中有椒房、温室殿、冰室等防寒祛暑的房屋，说明建筑的进步，已然注意到居住条件的改善。

两汉时期的建筑已具有庑殿、歇山、悬山和攒尖四种屋顶形式。大量东汉壁画、画像石、陶屋、石祠等反映了当时北方及四川等地建筑多用台梁式构架，间或用承重的土墙；南方则用穿斗架，斗拱已成为大型建筑挑檐常用的构件。中国古代木构架建筑中常用的抬梁、穿斗、井干三种基本构架形式此时已经成型，表明木构架建筑技术已发展到了很高的水平。中国建筑体系已大致形成。

两汉遗存至今的地面建筑有墓前的石阙、墓表、石享堂、石象生。另外就是崖墓、砖石墓等中的明器、画像砖、画像石、壁画等间接的建筑形象资料。

秦帝国的皇家宫殿群

宫殿是中国古代建筑中，传统观念保留得最集中、艺术价值最高的一种类型，它代表了当时建筑技术和艺术的最高水平。上面提到，夏商时期已有宫殿。秦始皇征发大批民工建造了规模空前宏大的阿房宫，以后的历代封建统治者也都大兴土木，营建豪华壮观的宫殿。

距今 2200 年前后，秦始皇灭掉了韩、魏、楚、燕、赵、齐六国，建立起我国历史上第一个中央集权的封建大帝国。秦始皇以都城咸阳（今陕西省咸阳市东北）为中心，进行了空前规模的建筑活动。

汉朝著名的历史学家司马迁曾在《史记》中说，秦始皇每征服一国，就把他们的宫殿画成图样后拆毁，再在京都咸阳附近按图仿照重建，后人称之为"六国宫殿"。在这些宫殿里，仍然安置着从各国缴获来的钟鼓乐器和美女。近年来，考古工作者在咸阳宫的东西两侧，都发现了具有六国特点的各种瓦当，从而证明了"六国宫殿"确有其事。这在建筑技术、建筑风格上起到了交流融会的作用。秦人借驰道、复道等将咸阳周围 100 千米内大批宫室连成一个有机整体，模拟天体星象，环卫在咸阳城外围，更加显示"天极"咸阳宫的广阔基础，也突出了它的尊严。秦人又推行不建外廊的革新措施，采取宫自为城，依山川险阻为环卫，使咸阳更增添了辽阔无垠的雄伟气概。

咸阳宫是秦朝最主要的宫殿，位于渭水北岸"咸阳原"的高地上。20 世纪 70 年代中至 80 年代初，在陕西省咸阳市东郊发掘的秦咸阳 1 号宫殿是一座以夯土台为核心，周围用空间较小的木构架建筑环绕的台榭式建筑。1 号宫殿遗址东西长 60 米，南北宽 45 米，建筑分为上下两层，上层高于下层约 6 米。它的营造方式也是先筑高土台

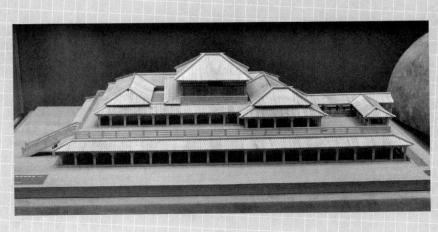

咸阳宫复原模型

子，然后依台建筑多层的楼台宫室。它台顶建楼两层，其下各层建围廊和敞厅，使全台外观如同三层，非常壮观。上层正中为主体建筑，周围及下层为起居室，属于高级别建筑，具有采暖、排水、冷藏、洗浴等设施。尤其是1号宫殿上下层均有回廊及复杂的陶制下水道的结构，成为咸阳宫建筑上的一个特点。楼梯置于东、西两端，布置甚为合理。其走廊两面墙上留存绘有壁画，壁画内容有人物、动物、车马、植物、建筑、神怪和各种边饰。色彩有黑、赫、大红、朱红、石青、石绿等。

秦朝的都城与宫殿的布局具有独创性，它摒弃了传统的城郭制度，在渭水南北范围广阔的地区建造了许多宫室。脍炙人口的阿房宫，秦始皇拟建的朝宫的前殿，被认为是渭水之滨的神仙之地。

公元前212年，秦始皇对已经拥有的诸多宫殿还是不满足，有一天，他认为京都咸阳人多，而先王的宫廷太小，因此要再造一座宫殿。大臣问造在哪里，秦始皇说："阿房"。"阿房"并非实际地名，意思是"近旁""旁边"。秦始皇开始了中国建筑史上首次规模宏大的工程，征发70万人在渭水南岸建造朝宫。所用的材料是北山上出产的美石，以及四川和湖北等地的贵重木材。这个朝宫的建设计划庞大，据说可以容纳10万人，并且放置有秦始皇收缴天下兵器熔铸

阿房宫
正门

成的许多铜钟，以及 12 个"金人"（铜人）。每个金人重达 12 万千克，身高约 16.7 米，仅一个脚掌就长达 2 米。阿房宫"前殿东西五百步，南北五十丈，上可以坐万人，下可以建五丈旗"。但是，这座规模空前的宫殿还没有来得及全部建成，秦朝就被农民起义军所推翻。

现存的阿房宫遗址位于现在西安市三桥镇南一带，面积约 8 平方千米。遗址内已发现阿房宫前殿、"上天台"、北阙门等夯土台或基址 19 处。其中前殿遗址的夯土台东西长约 1 200 多米，南北宽约

中国古代建筑常识

楼 阁

楼阁是中国古代建筑中的多层建筑物。楼与阁在早期是有区别的。楼是指重屋，阁是指下部架空、底层高悬的建筑。阁一般平面近方形，两层，有平坐，在建筑组群中可居主要位置，如佛寺中有以阁为主体的，辽朝独乐寺观音阁即为一例。楼则多狭而修曲，在建筑组群中常居于次要位置，如佛寺中的藏经楼、王府中的后楼、厢楼等，处于建筑组群的最后一列或左右厢位置。

后世楼阁二字互通，无严格区分，古代楼阁有多种建筑形式和用途。城楼在战国时期即已出现。汉朝城楼已高达三层。阙楼、市楼、望楼等都是汉朝应用较多的楼阁形式。汉朝皇帝崇信神仙方术之说，认为建造高峻楼阁可以会仙人。

佛教传入中国后，大量修建的佛塔建筑也是一种楼阁。北魏洛阳永宁寺木塔，高"四十余丈，百里之外，即可遥见"。建于辽朝的山西应县木塔高 67.31 米，仍是中国现存最高的古代木结构建筑。可以登高望远的风景游览建筑往往也用楼阁为名，如黄鹤楼、滕王阁等。

中国古代楼阁多为木结构，有多种构架形式。以方木相交叠垒成井栏形状所构成的高楼，称井口式；将单层建筑逐层重叠而构成整座建筑的，称重屋式。唐宋以来，在层间增设平台结构层，其内檐形成暗层和楼面，其外檐挑出成为挑台，这种形式在宋朝称为平坐。各层上下柱之间不相通，构造交接方式较复杂。明清以来的楼阁构架，将各层木柱相续成为通长的柱材，与梁枋交搭成为整体框架，称为通柱式。此外，尚有其他变异的楼阁构架形式。

黄鹤楼

450 多米, 高约 8 米左右。台上发现石础、陶水管道, 并散布大量板瓦、筒瓦、瓦当, 可谓中国古代最大的夯土建筑台基。其规模之大令人惊叹。它把数千米以外的天然地形, 组织到建筑空间中来。这种超尺度的构图手法, 气魄之大, 正是秦帝国在中国建筑历史上所表现出来的大气势。中国建筑从一开始就追求一种宏伟的壮美。

美轮美奂、气魄宏伟的阿房宫究竟是什么样子? 后人只能凭借《史记》和《阿房宫赋》的记载去想象、领略了。不过, 好在近年来陕西省旅游部门复原了阿房宫的部分建筑, 重建了阿房宫前殿、兰池宫、长廊、卧桥、磁石门、上天台等建筑。尽管这些建筑的形制也许复原得并不是很准确, 但至少可以让我们对秦朝建筑有一个很好的感性认识。

世界最长的军事防御工程

世界上最长的军事防御工程, 就是长城。

长城, 世界上最伟大的建筑之一, 是中华民族的骄傲, 是世界建筑的奇迹。

古今中外, 凡到过万里长城的人, 无不惊叹它的磅礴气势、宏伟规模和艰巨工程。泱泱大国展风范, 巍巍中华铺锦绣。

长城是人类社会现存最为宏伟的文化遗产之一, 承载着厚重的历史文明。在中国, 长城是一个极具象征意义的标志性建筑, 有着智慧、坚忍、肯奋斗、不畏牺牲、坚不可摧、戮力同心的精神内涵。是涉及军事、交通、建筑、地质、气象、农业、艺术等领域的珍贵遗存, 它像一部中华民族文明史的百科全书。

中国长城是世界上建造历时最长、占地面积最大、建筑工程量最浩繁的建筑奇迹。长城西起甘肃省的嘉峪关, 东抵河北省的山海关, 蜿蜒万里, 起伏于高山峻岭之间, 气势雄伟万千。大多人都以为, 长城是秦始皇时建造的, 诚然, 万里长城能够绵延万里, 连成一线, 是由秦始皇完成的。但是, 据历史记载, 长城远在秦始皇统一中国以前就开始修造了。

古时打仗，主要靠的是步兵、骑兵、马拉战车，因而城墙、关隘对于防守有着至关重要的军事意义。战国时的秦、赵、燕等国，为了防御北方匈奴游牧民族的侵扰，保卫中原地区的生产生活不受破坏，相继在各自的北部边境修筑了高大长城。当时的秦长城，西起临洮（今甘肃省岷县），东北经固原，至黄河；赵长城，西起高阙（今内蒙古自治区临河区），东至蔚州（今河北省蔚县）；燕长城，西起造阳（今河北省独石山），东至辽东（今辽宁省），三条长城虽不相接，却为秦始皇修万里长城打下了基础。

秦始皇于公元前 221 年统一中国后，派遣大将蒙恬率领 30 万大军北伐驱逐匈奴，占领河南（今黄河河套地区）地区。为了巩固边防，抵御匈奴南下，便将原来秦、赵、燕三国的长城联结起来，大规模地加以修葺、加固和增筑。参加这一工程的，除蒙恬麾下的士兵以外，又征调了大量民工，前后耗费了 10 多年时间。这座秦朝长城西边从临姚起，东止辽东，横贯我国北部边地，全长超过 2.1 万千米，遂出现了中国历史上第一条闻名古今中外的秦朝万里长城。据估算，当时投入修筑长城的部队约 50 万人，民夫约 50 万人，总人力不下 100 万人，占当时全国总人口的二十分之一，创造了人类建筑史上的奇迹。

秦朝长城虽然是以秦、赵、燕三国长城为基础，但向北扩展了不少，比三国的长城要长得多，也较现在的万里长城要长。今天甘肃省临洮县等地仍依稀可见秦朝长城的遗址，虽是断壁残垣，还可想见当年的雄风英姿。

秦长城的修建客观上起到了防止匈奴南侵，保护中原经济文化发展的积极作用。孙中山先生曾评价："始皇虽无道，而长城之有功于后世，实上大禹治水等"。

自秦以后，汉、南北朝、隋、唐、金、元、明各个朝代，都曾不同程度地修筑或增建过长城。

汉朝为了进一步加强北方和通往西域的河西走廊的军事防卫，把长城向西延伸到玉门关，修建了当时名为"边墙"的军事防线，沿线设置戍所、烽火台，连绵不断。汉朝的"烽燧"制度很严密，"5 里 1 燧，10 里 1 墩，30 里 1 堡，100 里 1 城"。如果发现敌人进犯，白天就举烟，晚上就点火。这样互相传递，几百千米以内很快就能知道，可以立刻派兵救援。

南北朝时期曾经对长城进行过较大规模的修整。北魏宣武帝（483—515）时所修的一段长城西起五原（今内蒙古自治区乌拉特旗），东至赤城（今河北省赤城县），全长约1 000多千米。北齐文宣帝（529—559）时，动员了180万民工大修长城。北齐的长城西起西河总秦戍（今山西省临汾市西北），东抵渤海（今山海关），约为1 500千米。北齐修筑长城时，注意在山隘险口处设立军事重镇，每5千米筑1戍，加强长城沿线的军事防御力量。

隋朝时，为了抵御北方突厥、吐谷浑等游牧民族的侵犯，又曾几次修筑长城。先后征用了120多万民工。隋朝修筑的长城，西起宁夏，向东沿着陕西北部，经过榆林，到黄河西岸，再由偏关向东，分内外两支。外长城利用北魏所筑长城经紫河、今张家口、独石口、古北口、马兰峪，直到临榆关（今山海关）。

明朝对长城作了全面、大规模地修整改造。明朝推翻元朝以后，北部边境一直不安宁，东北兴起的女真族，又构成了新的威胁。为了防止他们南下骚扰，决定修整加固长城。前后花费了100多年，明朝将长城的两端延伸至嘉峪关，东段推到鸭绿江（其中山海关至鸭绿江的一段，因为工程简单，至今大部分已经毁坏），全长6 000千米。过去，长城的城墙用石块和泥土筑成，明朝改用整齐的石条和大块的城砖来砌，使长城更坚固、壮观了。今天我们在嘉峪关、八达岭、山海关等处所见的长城，就是明朝修建的。明朝还在长城沿线设立了甘肃（今甘肃省张掖市）、固原、宁夏、延绥（今榆林）、太原（今山西省太原市）、大同、宣府（今河北省宣化区）、蓟州（今河北省蓟县）、辽东（今辽宁省沈阳市）等9个军事重镇。所有碉堡、烽火台都据险而布，关塞、水口因地而置。

闻名中外的万里长城，就是经过2000多年来这么多代人的努力，建造和完善起来的。长城，作为一项伟大的建筑工程，成为中华民族的一份宝贵遗产。

秦朝长城不仅在构筑方法上有自己的风格，而且具有浓厚的军事防御色彩，在军事防御设施的建置上具有鲜明特色，以石筑见称。如此伟大的古代建筑工程，在世界上是绝无仅有的。然而，长城的伟大，不仅在于建筑工程量的巨大，还在于它严密的军事防御布局。"因地形，用险制塞"，是修筑长城的一条根本法则和重要经验，在秦始皇的时候就已经把它确定下来，以后每一个朝代修筑长城都是按照这一原则进行的。

我们来看，长城凡是修筑关城隘口都是选择在两山峡谷之间，或是河流转折之处，或是平川往来必经之地，这样既能控制险要，又可节约人力和材料，以达到"一夫当关，万夫莫开"的效果。修筑城堡或烽火台也是选择在"四周紧要之处"。至于修筑城墙，更是充分地利用地形，如像居庸关、八达岭的长城都是沿着山岭的脊背修筑，有的地段从城墙外侧看去非常险峻，内侧则十分平缓，收到"易守难攻"的效果。在辽宁境内，明朝辽东镇的长城有一种叫山险墙、劈山墙的，就是利用悬崖陡壁，稍微把崖壁劈削一下就成为长城了。还有一些地方完全利用危崖绝壁、江河湖泊作为天然屏障。这种建筑手法都可以说是巧夺天工，保证了在军事上立于不败之地。

建造长城，在建筑材料和建筑结构上，贯彻"就地取材，因材施用"的原则，创造使用了各种不同的建筑材料、多种结构和艺术的营造方法。如有夯土、块石、片石、砖石混合等结构。在沙漠中还利用了红柳

长城烽火台

29

中国古代建筑常识

亭

"亭"是中国传统建筑中周围开敞的小型点式建筑，供人停留、观览，也用于典仪，俗称亭子，出现于南北朝的中后期。"亭"又指古代基层行政机构，兼设有旅舍形式。

亭一般设置在可供停歇、观眺的形胜之地，如山冈、水边、城头、桥上以及园林中。还有专门用途的亭，如碑亭、井亭、宰牲亭、钟亭等。亭的平面形式除方形、矩形、圆形、多边形外，还有十字、连环、梅花、扇形等多种形式。亭的屋顶有攒尖、歇山、锥形及其他形式复合体。大型的亭可筑重檐，或四面加抱厦。陵墓、宗庙中的碑亭、井亭可做得很庄重，如明长陵的碑亭。大型的亭可以做得雄伟壮观，如北京景山的万春亭。小型的亭可以做得轻巧雅致，如杭州三潭印月的三角亭。

亭的不同形式，可以产生不同的艺术效果。构造作法，亭的结构以木构为最多，也有用砖石砌造的。亭多做攒尖顶和圆锥形顶。四角攒尖顶在汉朝已出现，八角攒尖顶和圆锥形顶在唐朝明器中已有发现。北宋《营造法式》中所载"亭榭斗尖"，是类似伞架的结构。这种做法可以从清朝南方的园林中见到。明清以后，方亭多用抹角梁，多角攒尖亭多用扒梁，逐层叠起。矩形亭的构造则基本与房屋建筑相同。

石鼓书院禹碑亭

枝条、芦苇与砂粒层层铺筑的结构，在今甘肃省玉门关、阳关和新疆境内还保存了2000多年前西汉时期这种长城的遗迹。

长城的墙身是城墙的主要部分，墙身由外檐墙和内檐墙构成，内填泥土碎石。平均高度为7.8米，有些地段高达14米。凡是山冈陡峭的地方构筑得比较低，平坦的地方构筑得比较高；紧要的地方比较高，一般的地方比较低。墙身是防御敌人的主要部分，其总厚度较宽，基础宽度均有6.5米。墙上地坪宽度平均也有5.8米，能够保证两辆辎重马车并行，使得军队、军需物资的调配移动保持顺畅。

长城城墙的结构内容和营造方法是根据当地的气候条件而定的，总观万里长城的构筑方法，有如下几种类型：①版筑夯土墙；②土坯垒砌墙；③青砖砌墙；④石砌墙；⑤砖石混合砌筑；⑥条石；⑦泥土连接砖。用砖砌、石砌、砖石混合砌的方法砌筑城墙，在地势坡度较小时，砌筑的砖块或条石与地势平行，而当地势坡度较大时，则用水平跌落的方法来砌筑。

都说万里长城万里长，你知道长城具体有多长？据专家统计，中国各朝代曾经修筑长城的总长度当在5万千米以上，若用修筑长城的砖石土来修筑一道高 5 米,厚 1 米的大墙,那么这道大墙可环绕地球十几圈,如果加上各种关城、卫、所、烽火台、城堡、墩台、营城等的工程量,这道大墙可环绕地球几十圈。

国家文物局公布的《中国长城保护报告》中第一次公布了长城的真实数据:目前墙壕遗存总长度 21 196.18 千米,各时代长城资源分布于北京、河北、天津、山西、陕西、甘肃、内蒙古、辽宁、山东、河南、青海、宁夏、新疆等 15 个省(自治区、直辖市)404 个县(市、区)。

2000 多年来,长城在中国政治、经济、军事、文化、建筑等方面产生的积极效应,构成中华民族心理认同的客观依据,而这种底蕴、内涵又与长城雄伟博大的景观所激发的豪情壮志完美和谐地融为一体,最终积淀、熔铸成中华民族精神的象征。

1961 年 3 月 4 日,长城被国务院公布为第一批全国重点文物保护单位。1987 年 12 月,长城被列入世界文化遗产。

揭秘"汉三宫"奇局

汉朝是继秦朝而起的、统一的多民族封建王朝,当时的疆域辽阔,国势很强。汉朝的城池和宫殿大多继承了秦朝的规模,西汉的都城长安在渭水的南岸,今西安市的西北。

秦汉时期宫殿建筑,代表了我国封建早期宫殿建筑风格。当时的"宫",由散布范围较广的若干宫殿组成,各宫之间通过阁道连成整体。在关系上虽然依然保持了"前朝后寝"的布局,但各宫并不是严格按中轴线布置的,如西汉长安的宫殿大体分南北两宫,南宫包括皇帝居住、处理政务的未央宫和太后居住的长乐宫,两者几乎列在同一横轴线上。前殿(如秦朝的阿房宫、汉朝的未央宫前殿)是宫殿中的主要建筑,它一般是呈面阔大而进深浅的狭长平面,殿内两侧设有处理政务的东、西厢。东汉建都洛阳,依西汉制度营建南北两宫,但在布局上却不像长安那样分散,而是将南、北两宫摆在同一纵轴线上,安排在都城北部。这一做法大体承袭了《周礼·考工记》的宫殿建筑布局规划，后来魏晋、隋唐的宫殿建筑都是在这基础上发展起来的。

秦汉宫殿建筑还具有一个奇特的建筑特点，就是大宫中套有小宫，而小宫在大宫中各成一区。西汉长安城里的三级宫殿：长乐宫、未央宫、建章宫，合称"汉三宫"。

古城西安有许多古代宫殿遗址，其中以汉长乐宫兴建最早，历时最长。早在秦孝公迁都咸阳时，便在渭河之南上林苑建筑兴乐宫。秦二世三年（公元前207）项羽焚烧秦宫时，只有兴乐宫稍受破坏而得以存留。汉高祖刘邦建立西汉王朝后，最初定都洛阳，三个月后迁都长安（今陕西省西安市）。迁都后，于汉高祖五年（公元前202）将位于西安城东南的秦兴乐宫稍加修复，两年后竣工，改名为长乐宫（遗址在今未央区阁老门一带）。

长乐宫是西汉第一座正规宫殿。长乐宫是古代汉族宫殿建筑之精华，属于西汉皇家宫殿群，与未央宫、建章宫合称"汉三宫"。长乐宫周回长约10千米，总面积约6平方千米，相当于约8个故宫大小（故宫总面积为0.72平方千米），由长信、长秋、永寿、永宁4组宫殿共14座宫殿台阁组成。考古遗址平面呈矩形，东西宽2 900米，南北长2 400米，约占长安总面积的六分之一。南墙在覆盎门西有一曲折，其余各墙都为直线。宫城为夯筑土墙，厚达20多米。宫城四面各开设一座宫门，其中东、西二门是主要通道，门外筑有阙楼，称东阙、西阙。长乐宫前殿是宫内主要建筑，为朝廷所在，当时，汉高祖刘邦就在这里处理政务。前殿西有长信、长秋、永寿、永昌等殿。

汉高祖九年（公元前198），朝廷迁往未央宫，长乐宫改为太后住所。因其位于未央宫东，又称东宫，意为"长久快乐"。

长乐宫，也许并没有长久快乐。因为这里曾发生了一起惊心动魄的谋杀案，使长乐宫和它周围的地区蒙上了悲剧色彩。那是有关名将韩信的故事。韩信因为出身贫苦，处处受到冷遇，后来在萧何的大力保荐下，投奔刘邦，刘邦破格任命他为大将军。韩信南征北战，立下了累累战功，刘邦封他为三齐王，并赐他"三不死"。但刘邦夺取江山后，认为韩信的才能超群出众，唯恐以后会与自己争夺天下，从内心对韩信产生忌恨，想把置韩信于死地。于是，汉高祖刘邦、皇后吕雉再加上那位卖友求荣的丞相萧何，合伙给韩信加上了一个"与叛将陈豨相勾结，计划在长安谋反作乱"的天大罪名，将韩信诱骗进长乐宫，不由分说，捆绑起来，旋即押入宫内放置乐器的钟室，然后套上布袋，开刀问斩。一代名将韩信在长乐宫悲剧性地结束了自己的生命。

最近长乐宫遗址考古又发现了罕见排水渠道，在 1 米多深的地下，有两组陶质排水管道，排水管道由一条排水渠和长短不一、粗细不均的五角形排水管道共同构成。排水渠长达 57 米，宽约 1.8 米，深约 1.5 米，在接纳了来自南、东两个方向的各个排水管道的污水之后，便向西北方向流去。这从侧面表明了西汉时期中国皇家宫殿建筑的高超水平。

经过多年的考古勘探和发掘，长乐宫的布局、范围日渐清晰，并且与文献中的记载相互印证。2003 年发掘的 4 号宫殿（据考古研究为临华殿）遗址有 2 000 平方米，房子为半地穴式，鹅卵石铺地后砂浆抹平地面，墙壁涂有白灰，并饰有夺目的彩绘壁画，通道和台阶铺有精美的印花砖，显示出独特的审美取向。而后发掘出的 5 号宫殿遗址形制独特，遗址围墙特别厚。专家们推测这里就是用来储藏冰的"凌室"，厚厚的墙壁有利于维持室温，所藏之冰用来储藏食物、防腐保鲜和降温纳凉。

近期，考古工作者新发掘的长乐宫内规模最大的 6 号宫殿遗址，它的中心是一座大型夯土台基，东西长约 160 米，南北残宽 50 余米，建筑布局有序、结构精巧，出土了大量的建筑构件。据考证，这处规模宏伟的建筑很可能就是长乐宫前殿遗址。除了房屋、水井、院落外，紧贴夯土台基的一条长 34.29 米，最宽处 1.9 米的半地下通道引发了诸多猜想。有专家认为，这条地下通道就是皇宫中的秘道，是皇族们预防不测能够安全转移的救命通道。

未央宫，据司马迁《史记》记载，西汉初年的丞相萧何在汉高祖刘邦领兵东征时，曾经花费了大量的人力物力建成了这座壮丽豪华的宫殿，宫的东面和北面都有高大的门阙，并有武器库（储藏武器装备等的仓库）和太仓（宫城中的大谷仓）。汉高祖刘邦回到京城，看到如此规模庞大的工程，很不开心，责怪萧何说如今天下战争不断，建造这样的宫殿有点过头了吧。萧何却回答道："皇帝的宫室就是要宏大壮观，否则就显不出帝王的尊贵和威严啊。"汉高祖七年二月（公元前200），未央宫建造完成。汉高祖九年（公元前198），朝廷迁到未央宫，刘邦与群臣朝会也改在这里进行，以后一直是西汉王朝政治统治中心。但这时长安的居民还只是集中在未央宫的北面，并未筑城。此后又过了7年，惠帝元年（公元前194）冬12月，才开始筑长安城，一直到惠帝三年才完成。

未央宫是西汉长安城内最重要的宫殿，它位于长安城的西南部。宫墙呈长方形，东西长约2 300米，南北宽约2 100米，面积约占长安城的七分之一，较长乐宫稍小，但建筑本身的壮丽宏伟则有过之。未央宫有前殿、后殿等几座高大建筑物。其中前殿居于全宫的中心，呈狭长形，殿内两侧有处理政务的东西厢，是皇帝会见群臣和发布政令的地方。现在遗址还保存有殿基，东西约100多米，南北约200多米，最高处还高出今天地面10米以上。未央宫建在一个高台地上，四面各建一个宫门，唯东门和北门有阙。宫内有殿堂40余间，还有6座小山和多处水池，大小门户近百，与长乐宫之间又建有阁道相通。

未央宫的建筑装饰极为豪华，各殿室以香木为栋椽，以杏木为梁柱，门扉上有金色的花纹，门面上则有玉饰，椽端上以璧为柱。窗为青色，殿阶为红色。殿前左为斜坡，右为台阶。壁带都为黄金制作，间杂珍奇玉石，清风徐来，玲珑的声响悠悠飘过。

未央宫的宫室包括宣室、麒麟殿、金华殿、承明殿、钩弋殿及三十二殿阁。三十二殿阁则包括万岁、广明、永延、寿安、宣德、凤凰、曲台、白虎等殿以及天禄阁、朱雀堂等。汉武帝时对未央宫加以修缮，使其更加富丽堂皇，大显帝王之威。现在未央宫的遗址上仍存有一高大的夯土台基，便是当年未央宫前殿的基础，从中可以想象当年建筑之宏伟。

未央宫建成后，长乐宫便称为"东官"，未央宫则称为"西宫"。

后来，汉武帝又在长安城外未央宫以西的上林苑建造了建章宫，与未央宫连通，而在未央宫以北则陆续建造了民居和京师官署，于是这三大宫殿区即基本上形成了汉朝的长安城。汉朝的长安城主要是利用渭河以南的平地，依照地形排列向东延伸开的。自惠帝起，汉及后来的新莽、西晋、前赵、前秦、后秦、西魏、北周等各朝皇帝都住在未央宫，太后则住在长乐宫，因此未央宫的知名度远在长乐宫之上，超过其他两大宫殿区，在古代诗词中，出现最多的汉宫名字就是未央宫。

仙人承露盘

东汉建都洛阳，曹魏和西晋也沿其都城，皇帝住在洛阳南宫，于是未央宫不再是政治中枢。一直到五胡十六国时，前秦、后秦、西魏和后周都建都长安，重又启用未央宫作皇帝之居。隋文帝篡周后，开始仍居住在未央宫，直到隋文帝建造了新的长安城，才改用新的宫殿。

建章宫位于长安西垣以外，与未央宫间有阁道越墙垣相连，建于汉武帝太初年间（公元前104—前101）。此宫正门在南垣，是由一组庞大的、密密层层的宫殿群组成。殿宇台阁林立，号称"千门万户"。宫中建前殿及其他殿堂20余座，平地崛起，殿比未央宫还高。东西约有66.67米高的凤阙，阙上有铜凤，据说这里是求仙若渴的汉武帝迎接仙人的场所。又有广大水面太液池，池中三岛，象征三神山。

建章宫前的神明台以香柏为梁，故名柏梁台，是汉武帝召集群臣赋诗饮酒的场所。台上有一根高达100多米的铜柱，柱顶便是名扬天下的"仙人承露盘"，仙人用铜铸成，掌上之盘则为玉盘。据《索隐·三辅故事》记载："建章宫承露盘，高三十丈，大七围，以铜为之。上有仙人掌承露，和玉屑饮之。"其实承露盘中承接的仙露，不过是早晚由于温差凝结在盘中的水蒸气。汉武帝就把这些凝结的水珠，当成了长生不老的仙露，将承接下来的露水交由方士，方士再将露水和美玉的碎屑调和而成后，让汉武帝服下，并且告诉汉武帝这样就能长生不老了。可是公元前87年，汉武帝还是死了。清朝乾隆皇帝也仿照此华表铜雕，在其禁苑内的万寿山腰建造了一座"仙人承露盘"（今北海公园琼华岛西侧）。

建章宫主要用作皇帝游玩休息，以补城内正规宫殿未央宫之不足。

"汉三宫"距今已有2000多年的历史，当时的建筑早已无踪影了，但是，我们从文献记载以及现存的遗址看，还可以想象出整个皇家建筑的宏大规模和精巧布局。

"汉三宫"遗址建筑规模，以及唐朝、明清皇宫面积比较排序：

长乐宫（西汉），约6.9平方千米；

未央宫（西汉），约5平方千米；

建章宫（西汉），约4平方千米；

大明宫（唐朝），3.2平方千米；

紫禁城（明清），0.72平方千米。

由此可见，西汉以来，皇家宫殿的规模呈现日益缩小的趋势。

大明宫遗址公园

紫禁城

中国古代建筑常识

廊

廊是中国古代建筑中有顶的通道，包括回廊和游廊，基本功能为遮阳、防雨和供人小憩。廊是形成中国古代建筑外形特点的重要组成部分。

殿堂檐下的廊，作为室内外的过渡空间，是构成建筑物造型上虚实变化和韵律感的重要手段。围合庭院的回廊，对庭院空间的格局、体量的美化起着重要作用，并能营造庄重、活泼、开敞、深沉、闭塞、连通等不同效果。园林中的游廊则主要起着划分景区、造成多种多样的空间变化、增加景深、引导最佳观赏路线等作用。

在廊的细部常配有几何纹样的栏杆、坐凳、鹅项椅（又称美人靠或吴王靠）、挂落、彩画；隔墙上常饰以什锦灯窗、漏窗、月洞门、瓶门等各种装饰性建筑构件。

中国古代建筑的"活化石"

中国古代建筑的"活化石"，就是汉朝石阙。

阙，是我国古代在城门、宫殿、祠庙、陵墓前的一种独特的纪念性建筑，既有标志性、装饰性，也表示威仪、身份等级。用木或石雕砌而成。一般是两旁各一，称"双阙"；也有在一大阙旁再建一小阙的，称"子母阙"。古时"缺"字和"阙"字通用，两阙之间空缺作为道路。阙的用途表示大门，城阙还可以登临瞭望，因此也有把"阙"称为"观"的。

文献记载西周时已有阙，现存最早的遗物是汉朝石阙。汉朝贵族的门前都设有称作"阙"（后来发展为"华表"）的标志性建筑物，并有单阙、双阙和子母阙的区别。官僚贵族的住宅正中的大门都很宽大，门前一般不设门槛和台阶，以便于主人和贵宾的车马通行。角门则狭小低矮，开设在门墙的一角，是侍从和仆役的出入之处。院落的后部通常建有两层到三层的望楼，这是保卫住宅的一种武装设施。到了东汉晚期，这种望楼甚至发展到五层以至六层，而且每层都有"平座"（楼阁式房间外面的走道和栏杆），平座上常站立有守卫宅第的地主私人武装。

汉朝石阙，是我国现存的时代最早、保存最完整的古代地表建

汉朝孙氏阙画像

汉魏乌杨阙

筑，距今已有近 2000 年的历史，堪称国宝级文物，是了解汉朝建筑的珍贵资料。

汉朝是建造石阙的兴盛时期，都城、宫殿、陵墓、祠庙、衙署、贵邸以及有一定地位的官民的墓地，都可按一定等级建造石阙。现存汉朝石阙中，河南省登封市太室阙、少室阙、启母阙，山东省济宁市嘉祥武氏阙，四川省渠县冯焕阙、沈府君阙，四川省绵阳市平阳府君阙，四川省雅安县高颐阙，重庆市忠县乌杨阙、丁房阙、无铭阙。

汉朝石阙中，重庆忠县的乌杨阙，四川渠县的冯焕阙，保存最为完好，也最具代表性。

1. 乌杨石阙

乌杨汉阙的发现，纯属偶然。1998 年 8 月，当地一名煤炭搬运工王洪祥在挖草药时，发现了已经埋在地下的汉朝石阙。

乌杨阙发掘于 2001 年，据考证其年代为东汉末期，为严氏家族墓地中太守严颜的墓阙。严颜（？—219），东汉末年巴郡临江（今重庆市忠县）人。阙基为整块石料凿成，平面呈矩形，属典型的汉朝陵墓阙，该汉阙为重檐庑殿顶、双子母阙，左右结构对称，规格尺寸近乎一致，主阙通高 5.4 米，顶宽 2.66 米，进深 1.7 米，阙基宽 2.6 米，进深 1.64 米，自下而上依次由阙基、阙身、枋子层、介石、斗拱层、屋顶 6 个部分组成。子阙高 2.6 米，重 10 吨。石阙为石质砂岩，是一座完整的石质仿木结构建筑，整体造型挺拔巍峨。

石阙地基为整块长方形石料凿成，平

面呈矩形。石阙地基之上矗立着石阙主体，楼部由四层大石块叠就，为重檐庑殿顶，具有顶盖出檐宽，石阙主体具有构造简洁大方的特点，因而显得造型格外挺拔、庄严。从它的石阙主体根部粗大、顶部细小状况来看，可知汉朝工匠为了增加建筑本身的稳定性，在基础墙体的处理上已有了根部粗大、顶部细小的设计理念。这种建筑样式和当时汉朝建筑的模式是相同的，这种模式甚至一直延伸下来成为中国传统建筑的形制。

乌杨石阙主体雕刻丰富，其仿木构建筑雕刻对于今天已经无一幸存的汉朝木构建筑的研究具有重要价值；所雕刻的狩猎图、习武图、送行图、雄鹰叼羊图、蛇衔老鼠图等，生动地再现了当时的生活场景。尤其是长达2米多的青龙、白虎雕刻，栩栩如生，展现了汉朝雕刻手法的高超技艺。

石阙顶部的建筑风格主要采取仿楼阁式，重楼重檐仿木造型，出檐比较大，檐角翘起角度大，屋面上分布的椽子也足有20多根。瓦当（汉朝用以装饰美化和庇护建筑物檐头的建筑附件，是屋檐最前端的一片瓦为瓦当）的造型清晰，建筑形制和风格注重体量、注重审美观，表明汉朝这种建筑建构方式已经成熟和得到普遍应用。

乌杨石阙建造风格稳重朴素，雕刻简练精致，造型生动优雅，独具一格，充分显示了汉朝特有的恢宏大气的建筑形式。其建筑功能和艺术形式，反映了我国古典建筑形制在汉朝得到了大踏步的发展。

乌杨石阙是我国幸存的31处汉朝石阙中保存最为完整的一处，也是唯一通过考古发掘复原，并发现了相关的阙址、神道、墓葬的阙。乌杨阙现在陈列于重庆中国三峡博物馆中庭，也是所有汉朝石阙中第一个作为博物馆馆藏文物的汉阙，价值非凡，意义重大。

乌杨石阙不仅表现出汉朝建筑物的形式与特征，并且具有多方面的、多层次的社会内涵和文化底蕴。乌杨阙作为汉阙中保存最为完好的石阙，显示出墓阙的功能性和建筑外形结构，对汉朝建筑的研究起着关键性的作用。而它独特的建筑装饰雕刻，给我们探索汉朝的人文思想有着独特的启发，具有很大的研究价值。

2. 冯焕阙

冯焕阙

冯焕阙，位于四川省渠县土溪乡赵家村，建于东汉建光元年（121），其所在的院落及周边环境，在渠县6座石阙中是保存最完好的。

冯焕（？—121），东汉巴郡宕渠（今四川省渠县）人，历任尚书、侍郎及豫、幽二州刺史等职。石阙原为双阙，现仅存东（左）阙。东阙由母阙和子阙组合而成，现仅存母阙，坐东北向西南，总高4.38米。由阙基、阙身、枋子层、介石、斗拱层、屋顶6个部分组成，是一座完整的石质仿木结构建筑。石阙地基为整块青砂石凿成，长2.5米，宽1.3米，平面呈矩形。石阙主体用独石琢成，略呈梯形，上宽0.88米，下宽0.96米，石阙主体正面镌汉隶阙铭两行："故尚书侍郎河南京令豫州幽州刺史冯使君神道"。

阙基之上矗立着用青砂石做成的阙身，楼部由四层大石块叠就。第一层为整块青砂岩凿成，高2.7米，厚0.63米，下宽0.96米，上宽0.88米，略呈梯形。第二层高4.5米，为介石，四面平直，上面遍雕方胜纹图案，素雅大方。第三层高0.25米，石块向上斜挑出，呈倒梯形，四角雕刻斗拱，两侧为曲拱，皆为"一斗二升"（我国建筑特有的一种结构叫斗拱。在立柱和横梁交接处，从柱顶上加的一层层探出呈弓形的承重结构叫拱，拱与拱之间垫的方形木块叫斗。一斗二升是斗拱的一种形式，斗是矩形底座，一般设在梁上，升就是拱上面的小斗。一斗两升是指上面有两个小斗）式结构，富有较强的装饰性。正面栱眼壁浅浮雕"青龙"，背面栱眼壁浅浮雕"玄武"，线刻细腻生动，刀法简练娴熟。最上面是屋顶，仿双层檐，筒瓦，勾头雕刻葵鳞瓣纹饰。

冯焕阙自建立以来，经历1870多年，经过历代人们的悉心保护，至今保存较好。其建造风格稳重朴素，雕刻简练精致，造型生动优雅，独具一格，充分显示了汉朝高超的建筑艺术技巧。

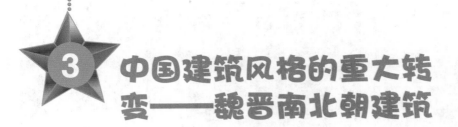

3 中国建筑风格的重大转变——魏晋南北朝建筑

　　在魏晋南北朝（220—589）300多年时间里，中国建筑发生了重大变化，特别在进入南北朝以后变化更为迅速。建筑结构逐渐由以土墙和土墩台为主要承重部分的土木混合结构向全木结构发展；砖石结构有长足的进步，可建造高达数十米的塔；建筑风格由汉朝的古拙、强直、端庄、严肃、以直线为主的风格，变得雄浑、灵巧、靓丽、豪放、遒劲、活泼。

　　中国建筑风格在魏晋南北朝发生重大转变的原因：①中原士族南下，北方少数民族进入中原，随着民族的大融合，深厚的中原文化传入南方，同时也影响了北方和西北；②建筑技术与建筑艺术与东西邻国都有广泛交流，给中国古代建筑注入了新的血液，出现了不少新的建筑类型，如石窟寺、佛教塔等。同时，中国建筑也对邻国的建筑产生了深远的影响。

　　魏晋南北朝建筑的特点是，都城气派宏伟，方整规则；宫殿、坛庙等大组群序列恢宏舒展，空间尺度很大；建筑造型浑厚，轮廓参差，装饰华丽；佛寺、佛塔、石窟寺的规模、形式、色调异常丰富多彩，表现出中外文化密切交汇的新鲜风格。

　　魏晋南北朝是一个建筑技艺大发展的时期。在建筑装饰方面，一般建筑物建筑色彩是以朱红、白两色为主，墙面一律用白色，木架部分一律用朱红色，风格朴素。而重要建筑物则有彩绘并且常常有壁画。石工的雕琢技术也达到了很高的水平，有各种圆形和生动的雕刻，在饰纹、花草、鸟兽、人物的表现上，摆脱了汉朝的格调，创立了新的建筑风格，丰富了中华建筑的形象。在建筑材料方面，砖瓦的产量和质量有所提高，砖结构被大规模地应用到地面建筑，

登封嵩岳寺

忠阳城盛景

河南登封嵩岳寺塔的建造，标志着石结构技术的巨大进步。金属材料被用作装饰。在建筑技术方面，大量木塔的建造，显示了木结构技术的提高。在建筑类型方面，大量兴建佛教建筑，出现了许多寺、塔、石窟和精美的雕塑与壁画。

崭新的宫殿建筑格局

南北朝时期，北朝营建了都城洛阳，南朝营建了建康城。这些都城、宫殿均系在前朝基础上持续营造。

北魏洛阳城是魏晋南北朝时期城市建筑设计的无比杰作，其不仅"宫厥壮丽，列树成行"，还一度成为北方的政治、经济、文化中心，而且在都城的宫殿建筑上开拓了崭新的格局。

洛阳城成功地继承了中国前期封建城市宫、城、廊三者层层环套的配置形制以及城、廊分工的规划布局传统。城为政治中心，以宫为主，结合布置官署衙门等政治性功能区。廊为经济中心，以市为主，结合布局手工作坊、服务行业区等经济分区以及工商业者居住区和其他居住区。城市居住区基本遵循按职业、阶层组织聚居的体制，但主要取决于居民的职业要求，并不十分强调礼制等级与方位尊卑等礼治秩序。城市居住区的基本单位——"里"仍采取封闭形制，四周筑里垣，临街设里门，里内住户出入均经里门，不得临街开门。

北魏洛阳城规划仍采用井田用地制，但全城经济分区占地比例较大，政治性分区比例较小，城与廓面积比例为1：5，全城整体设计仍采用方格网系统布置各类分区，合理控制城市用地以及协调城市各主要部分的比例关系。

在洛城重建中合理地利用了一些遗留的物质手段，既可收到建设上事半功倍之效，亦有助于保持城市传统格调，例如利用旧城垣，维持"九六城"（东汉时期洛阳城大致为南北长而东西短的长方形，《帝王世纪》说洛阳"城东西六里十一步，南北九里一百步"，故俗称"九六城"）传统形制。但重建并非复旧，利用旧的建设基础也是本着现实要求考虑的。因此保持传统的延续性，丝毫不意味着墨守成规，而是从当前实际出发，以发展的观点来对待的。例如，洛都外廓城的三市规划。洛都三市的性质、规模，以及相互配合等方面，较之前朝都有了新发展，市与闾里的结合，也做了更好的安排。特别是在全盘规划结构上，市的重要性更有所提高，已成为整个外廓城的规划重心了。

汉魏洛阳城宫城太极殿，是曹魏至北魏时期宫城的中心正殿，是中国历史上第一座"建中立极"的宫城正殿，是中国都城历史上最大的正殿。自三国曹魏时期，魏明帝在洛阳兴建宫殿，太极殿被视为皇宫的正殿，国家政治活动、元旦大朝、新皇帝即位、大赦改元、政治决策等重要国事活动都在太极殿进行。自三国开始，中国形成了太极殿制度。之后至唐宋，直到明清时期，历代皇宫正殿皆为太极殿。

考古发掘结果显示，太极殿由中间的主殿和两侧略小的太极东堂、太极西堂组成，占地面积8 000平方米，太极殿宫殿建筑群规模宏大。该建筑群是汉魏洛阳城乃至中国古代建筑体量较大的建筑群之一，也是中国古代都城一种崭新的宫殿建筑格局。

太极殿的建造，确定了汉魏洛阳城的建筑布局中心，由此确立的以太极殿为中心的单一宫城形制以及都城单一建筑轴线，以太极殿为大朝、东西两侧并列的东、西堂为常朝的"东西堂制度"，在中心正殿前设三道宫门、宫城三大主殿南北纵列的"五门三朝"制度等，开创了中国古代宫室制度及都城布局的一个新时代。从汉魏洛阳城开始确立的这一宫室制度，对后代都城制度的发展产生了深远的影响，不仅直接为隋、唐所沿袭，更为其后的宋、元、明、清所继承，并远播至东亚其他地区。

魏晋南北朝时期的洛阳城的修建和改造，对隋以前中国都城有重要影响。曹魏立国之初，先修北宫和官署，其余仍保持东汉 12 城门、24 街的基本格局。227 年，魏朝大举修建洛阳宫殿及庙、社、官署，以邺城为蓝本，正式放弃南宫，拓建北宫，把原城市轴线西移，使其北对北宫正门。在这条大道两侧建官署。又按《周礼·考工记》"左祖右社"之说，在大道南段东西分建太庙和太社，北端路旁陈设铜驼。

曹魏时还在洛阳城西北角增建突出城外的三个南北相连的小城，称金墉城或洛阳小城，南北长 1 080 米，东西宽 250 米，内建宫室，城上楼观密布，严密设防，是受邺城西北所建三台的影响而建的防守据点，是当时战争环境下的产物。洛阳城内的居住和商业区仍是封闭的里和市。随着魏晋实力的增强，洛阳的城外也出现了市和居住区。

西晋统一全国后，洛阳遂成全国的首都。其特点是宫殿在北面正中，宫门前有南北街直抵城南面正门，夹街建官署、太庙、太社，形成全城主轴线，其余地段布置坊市。由于它是东汉以后统一王朝的首都，故无论是它的后继者东晋还是北方相继出现的十六国政权，都以它为模式，所建都城都不同程度地效法和比附洛阳。

北魏统治者修复洛阳城及宫殿时，没有做大的改动，在城外四周拓建坊市，形成东西 10 千米，南北 7.5 千米的外郭。北魏洛阳外郭有墙，其内也划分为封闭的矩形的坊和市，并形成方格网状街道。北魏对内城的改造主要是调直街道，把主要官署集中到宫南正门外南北御街铜驼街上，以加强城市的中轴线，突出宫城在城中的重心地位。新建的外郭在坊市方正和规模上都超过两汉的长安和洛阳。

北魏洛阳城已荡然无存，但从遗址出土的建筑材料可以想见其建筑物的华丽。另外，从甘肃天水麦积山的壁画中，也可见到当时北方城市建筑的模样。

麦积山石窟壁画

知识链接

中国古代建筑常识

台 榭

台榭，中国古代将地面上的夯土高墩称为台，台上的木结构房屋称为榭，两者合称为台榭。春秋时期，各国的宫室、宗庙竞相追求雄伟的建筑形象，但当时的木结构建筑水平还比较低，不能解决大体量建筑物的高度和整体稳定性等问题，因而凭借夯土作为构造手段，采用以阶梯形夯土台为核心、倚台逐层建房的方法，以取得比较宏大的外观。春秋至汉朝的六七百年间，台榭是宫室、宗庙中常用的一种建筑形式。最早的台榭只是在夯土台上建造的有柱无壁、规模不大的敞厅，供眺望、宴饮、行射之用。有时具有防潮和防御的功能。汉以后基本上不再建造台榭式的建筑。

台榭凉亭回廊湖面

"六代豪华"的都城

建康，东倚钟山，西踞石头山，使得整个城市背靠大山面临长江，形式极为险要。三国蜀相诸葛亮称赞建康城为："秣陵地形，钟山龙蟠，石头虎踞，此帝王之宅。"

建康，原名金陵。秦置秣陵县。东汉末年，魏、蜀、吴三分天下，229年，东吴孙权定都建业，使得江南的一个县城，一跃而成为国都。西晋统一后，太康三年（282）改建业为建邺。建兴元年（313），为避愍帝司马邺之讳，改名建康。建武元年（317），司马睿建立东晋，以建康为都。此后，宋、齐、梁、陈相继在此建都，史称南朝。故城在今江苏南京市。

东吴、东晋、宋、齐、梁、陈的这一时期，北方多战乱，南方相对较为安宁，江南经济、文化以都城建康为中心，迅速发展起来，成就了史所称颂的"六代豪华"，文化发展出现新的高峰，建康都城也进一步繁荣。

东晋初年，建康城很荒落，外城仍是土墙和竹篱门。从咸和五年（330）九月开始，东晋在东吴的苑城和昭明宫的基础上，大规模的改建和扩建，建筑一座规模庞大的新皇宫。两年多以后新皇宫建成，就是"建康宫"，也叫"台城"。台城，是东晋至南朝时期的台省（中央政府）和皇宫所在地，"台"指当时以尚书台为主体的中央政府，因尚书台位于宫城之内，因此宫城又被称作"台城"。皇宫的中心位置就在今天的大行宫一带。从此，历经东晋、宋、齐、梁、陈，台城的位置再没有变动过。

东晋改建的建康都城和宫城，布局仿魏晋洛阳城。东晋在宫城建筑上，第一次部分使用大砖修筑了坚固的城墙，自南齐建元二年（480），城墙全部用砖建造。东晋皇帝住的建康宫，周围4千米，正南的宫城门称为大司马门，也叫章门，是大臣们上奏表彰的地方。宫城内有大小建筑3 500个，最主要的宫殿是太极殿。此外还有清暑殿、御花园等。东晋时还增修了石头城。梁天监十年（511），将宫城的二重城墙扩建到三重，像这样有三重城墙的宫城，是中国都城建筑发展史上绝无仅有的特殊例子。

建康城的建造，是按城市自然地形设计、布置的，结果形成了不规则的布局。都城中间的御街是一条直道向南，可至望城南牛首山，其他道路都是"纡余委曲，若不可测"，即弯弯曲曲，无法测量。相比其他新建都城，建康城具有更为丰富的城市轮廓线，更贴近自然山水的人居环境，形成了得天独厚的城市特色。

后来，建康南迁人口甚多，加上本地士族，遂不得不在城东沿青溪外侧开辟新的居住区。建康周边有长江和四通八达的水运运输网络，舟船经秦淮河可以从东西两方面抵达建康诸市，沿河及水网遂出现一些聚落。为保卫建康，在其四周又建了若干小城镇军垒，如石头城、东府、西州、冶城、越城、白下、新林、丹阳郡、南琅琊郡等，它们的周围也陆续发展出居民区和商业区，并逐渐连成一片。

历史记载在南朝梁的全盛时期，建康已发展为人安物阜的大城市，它西起石头城，东至倪塘，北过紫金山，南至雨花台，东西南北各20千米的巨大区域，人口约200万。建康未建外郭，只以篱为外界，设有五十六个篱门，可见其地域之广，是当时中国最巨大、最繁荣的城市。

南朝宋、齐、梁、陈的皇帝在建康建造了许多豪华宫殿建筑，造就了"六代豪华"的建康都城。南朝宋元嘉六年（429），宋文帝在原来的基础上扩建了皇太子宫。宋孝文帝即位之后，又兴建了多座宫殿，如正光殿、玉烛殿、紫极殿等。宋元嘉年间，还修建了皇家园林乐游苑。齐朝时，修建了芳乐殿和王寿殿，在宫城内还建有十几处园囿，规模最大的是东北隅的华林园。华林园内有许多山水池囿和几十座殿堂楼观，齐朝在园中景山上修建了一座景阳楼，内悬大钟。梁朝时还扩建了建康宫的正殿——太极殿，从12开间扩展到13开间，据说是象征着一年中的12个月再加1个闰月。扩建以后的太极殿长90米，宽33.33米，高26.67米，殿的内外地面都用花纹锦石铺成。这种讲究正殿间数的做法，对后世宫殿制度有着深远影响。台城原本无阙，天监七年（508），梁武帝命卫尉卿丘仲孚在大司马门外建石阙一对，命名为"神龙""仁虎"。据记载，双阙的趺，座高 2.33 米，阙身则高 16.67 米，长 12 米，厚 25.07 米，石阙上镌刻珍禽异兽，"穷极壮丽，冠绝古今"。梁武帝萧衍在建康当了 48 年皇帝，不仅造就了"一个花团锦簇的诗人的时代"，而且把建康城连同周边"东西南北各四十里"范围，都发展成为人烟稠密、商业繁荣的地区。陈朝时，在华林园中修建了临春阁、结绮阁、望山阁三阁，各高数百米，木料多用香木。在乐游苑中有正阳楼、甘露亭等建筑。这些宫殿园圃建筑，宏伟华丽，装饰精美，常常是以麝香涂壁，以锦幔、珠帘为屏障，其精艳为东吴所未有。

建康都城经过六代的营建，更加宏伟壮丽。建康都城实用和规整并存的城市建设布局，高超的建筑艺术，被后来的朝代一直吸收传承，直接影响了北魏、唐朝甚至深深影响了朝鲜百济及飞鸟奈良时期的日本。如北魏孝文帝拓跋宏，偷偷委派专业工匠前往建康城，将宫阙、城门、太庙、华林池沼，还有整个宫城格局都搬到洛阳城的建造中，使得洛阳城变成了建康城的孪生姊妹城，到处都留有模仿建康城的痕迹。又如在日本称为"梁式建筑"的，就是六朝建筑式样。建康城几经毁城浩劫，现在南京已难见到精美的六朝建筑；而在日本，留存的"梁式建筑"一律定为国宝级文物。

东晋的木结构建筑技艺发展到了一个相当高的水平。东晋太元十二年（387），建成的建康太庙，长 16 间，墙壁用壁柱、壁带加固，可知仍是土木混合结构建筑。东晋壁画中出现了屋角起翘的新样式，且有了举折（举，屋架的高度按建筑进深和屋面材料而定。折，因屋架各檩升高的幅度不一致，所以屋面横断面坡度呈曲线），使体量巨大的屋顶显得轻盈活泼。

文献记载梁朝建了很多木塔，3、5、7、9 层均有，大都平面方形，有上下贯通的木制刹柱，柱外围以多层木构塔身，柱顶加金铜宝瓶和若干层露盘形成塔刹。这种塔的形象和特点与日本现存飞鸟奈良时代的塔，如法隆寺五重塔、法起寺三重塔很相近。这两塔都是中心有一大础，础上立刹柱，柱外为多层塔身。每层塔身檐柱的柱列间加阑额，上为斗拱及梁组成的铺作层，承托塔檐。在塔檐椽上置水平卧梁，梁上立上层檐柱，如此反复至塔顶。各层内柱围在刹柱四周，柱上架枋，形成井干形方框，限制刹柱活动，并承托上层内柱。塔身较高者，刹柱可用几段接成，它们是全木结构塔。这两座日本塔都是较小的三、五层塔，但可据以推知南朝建康大爱敬寺七层塔同泰寺和九重塔的构造情况。

对测量数据分析后发现，日本飞鸟奈良时代（600—710）建筑，在设计时都以拱之高度为模数（标准尺度计量单位），建筑各间的面阔、进深和柱高都是它的倍数。在多层建筑中，其总高又是一层柱高的倍数，如高二层的法隆寺金堂脊高为其四倍，五重塔为其七倍，法起寺三重塔为其五倍，都以一层柱高为扩大模数。飞鸟奈良时代建筑，是日本接受中国影响后最早出现的不同于此前日本传统的新风格建筑，它所体现的运用模数进行设计的方法应是当时中国六朝的方法，这就证明了在南北朝后期木结构建筑设计中已运用了先进的模数概念和做法。

建康是中国在六朝时期的经济、文化、政治、军事中心，也是4—6世纪世界上最大的城市。以建康为代表的南朝文化，与西方的古罗马被称为人类古典文明的两大中心，在人类历史上产生了极其深远的影响。众所周知，六朝时期所创造的精神文明，比如科学文化艺术等都是领先全国的，诞生了祖冲之、王羲之、谢灵运这样的大科学家、大书法家、大文学家。

遗憾的是，589年陈被隋所灭之后，包括台城宫阙在内的建康城城池悉数被毁。后来，朝代更替、城市叠加，这座风华绝代的建康城终于消失于地下，成为中国建城史上的一个千古之谜。

近年来建康台城遗址相继发现，核心地区位于今南京大行宫周围及其以北南京总统府东西一线。如今南京图书馆保护着台城中轴线截砖路和

南京六朝博物馆

中国古代建筑常识

悬　鱼

　　悬鱼是一种建筑装饰木构件，大多用木板雕刻而成，因为最初为鱼形，安装在悬山（悬山是中国古代建筑屋顶形式的一种。屋面有前后两坡，而且两山屋面悬于山墙或山面屋架之外的建筑，称为悬山或挑山）式建筑，或者歇山（歇山是中国传统建筑屋顶形式之一，是双坡面屋顶与四坡面屋顶融为一体的一种屋顶形式）建筑两端的博风板（用于歇山顶和悬山顶建筑。这些建筑的屋顶两端伸出山墙之外，为了防风雪，用木条钉在檩条顶端，也起到保护美化檩头的作用）下，并从山面顶端悬垂，所以成为"悬鱼"。

　　中国古代木结构构件采用"悬鱼"式样和名称，是有着美好的故事背景在里面的。悬鱼一词最早出现在《后汉书·羊续传》里，说的是东汉时期，羊续担任南阳（今河南省南阳市）太守时，为官清廉奉法。他属下给羊续送来当地有名的特产——一条白河鲜鲤鱼，羊续推辞不掉，羊续将这条大鲤鱼挂在屋外的柱子上，风吹日晒，晒成鱼干。后来，这位属下又送来一条更大的白河鲤鱼。羊续把他带到屋外的柱子前，指着柱上悬挂的鱼干说："你上次送的鱼还挂着，已成了鱼干，请你一起都拿回去吧。"这位属下感到十分羞愧，悄悄地把鱼取走了。此事传开后，南阳郡百姓无不称赞，敬称其为"悬鱼太守"，也再无人敢给羊续送礼了。此后，"悬鱼"一词便成了官吏廉洁的代名词。

　　中国古代建筑上应用悬鱼形象的装饰，在发展的过程中，鱼的形象渐渐变得抽象简单化了，出现了各种各样的装饰形式，有的甚至变成了蝙蝠，以取"福"之意。

　　中国古代建筑中的悬鱼造型纹样有如下几种。

　　（1）动物纹样——最为常见的中国传统建筑中悬鱼构件的动物造型纹样有鱼和蝙蝠。"鱼"音同"余"，取余裕的吉祥之意。造型配以牡丹，则有"富贵有余"之意；加以莲花，取"连年有余"的寓意。直接用"阴阳鱼"，形成太极图，意寓阴阳合生万物。

　　（2）植物纹样——多以桃花、荷花、梅花、牡丹等为主。人们根据植物的不同特质赋予它们高贵品格和吉祥寓意，并体现在悬鱼的纹样上。

　　（3）文字纹样——中国的文字本就是由象形文字发展而来，本身就是形的提炼，再加上所表达的含义，运用到悬鱼的纹样上，形意合一恰到好处。常用的文字纹有"水、壬、癸、福、寿、喜"等。

　　（4）器物纹样——以花瓶、花篮等人造器物图案或佛教、道教神佛所持法物宝器为主，前者表达祈求平安之意，后者用以驱邪防灾和逢凶化吉。

　　（5）其他纹样——最早用于悬鱼上的纹样为卷云纹，又叫作卷云如意，寓意"云能造雨并滋润万物"。还有唐草纹、古钱纹、万字纹和太极八卦纹等。不论什么纹样无外乎都是以祈福纳祥为意。

　　中国古代建筑中的悬鱼装饰纹样各地都有不同，有单独某种纹样出现的，更多的是由两种或多种纹样组合的，这样才形成连年有余、吉祥富贵、福寿双全、驱邪避凶等美好的寓意，也让中国古代建筑构件中多了一道靓丽的风景线。

悬鱼造型纹样——蝙蝠

拐角砖包城墙，六朝博物馆内保护着台城原址夯土城墙，包括砖墙、护城壕等遗址。

2012 年 11 月，六朝都城遗址作为中国海上丝绸之路项目遗产点之一，列入中国世界文化遗产预备名单，根据日程，2015 年完成准备工作，2016 年正式送交世界遗产大会审议。

一千五百年前的绝品建筑

中国古代建筑史上能够称为绝品建筑的，就是建造于 1495 年前的嵩岳寺塔。

塔是一种在亚洲及佛教中常见的，有着特定的形式和风格的东方传统建筑。塔起源于佛教（浮屠）。塔这种建筑形式缘起于古代印度，是佛教高僧的埋骨建筑。传到中国后，塔这种建筑形式和中国多层木结构楼阁相结合，形成了中国式的木塔。除木塔外，还发展出具有中国特色的石塔和砖塔。

七星桥

嵩岳寺塔

砖石结构建筑在两汉已逐步开始发展，魏晋时期更得到了进一步的发展。砖石拱券主要用于地下墓室，地上则出现了石拱桥。如西晋在洛阳建有巨大的石拱桥七星桥，在洛阳城濠及河道上还建有很多梁式石桥。洛阳还建有砖塔。南北朝以后，除地下砖砌拱壳墓室继续存在外，砖石建的塔、殿有很大发展。北魏建都平城时，建有三级石塔、方山永固石室。477—493 年，还建有五重石塔、园舍石殿。迁都洛阳后又建了很多砖石塔，目前唯一保存下来的是建于 523 年的河南登封嵩岳寺塔。

嵩岳寺塔，中国现存最古老的一座砖塔，独具特色。在它以前以及和它同时期的木塔，平面都是四方形的，并且是一层层地架叠上去的。这座塔却一反传统形式，平面作十二角形，在一座很高的塔基上，加上一座很高的塔身，再上去就是 15 层很密的檐。这种形式是和过去 300 年来传统的木结构形式毫无相似之处的。可以说它是模仿印度的一些塔形。从这座塔上的许多雕饰部分看，例如以莲瓣为柱头和柱础的八角柱，以狮子为主题做成的佛龛火焰形的券面等印度的装饰母题是非常明显的。

嵩岳寺塔位于河南省登封市城西北 5 千米处的嵩山南麓嵩岳寺内。嵩岳寺，原名闲居寺。北魏永平二年（509），北魏宣武帝在嵩山南麓营造了雅致、堂皇的离宫。崇尚佛教的北魏孝明帝在正光元年（520）把离宫改为皇家寺院——闲居寺，三年后，建成嵩岳寺塔。隋朝仁寿二年（602）改名为嵩岳寺。唐朝武则天和高宗游嵩山时，曾把嵩岳寺改作行宫。现在塔前的山门和塔后的大雄殿及两侧的伽蓝殿、白衣殿均为近代改建。

嵩岳寺塔是中国唯一一座 12 边形的佛塔，也是全国少有的 15 层密檐古砖塔。不可思议的是，该塔历经 1495 年风雨侵蚀，仍巍然屹立。

嵩岳寺塔塔高 37.6 米，周长 33.72 米，塔身呈平面等边十二角形，中央塔室为正八角形，塔室宽 7.6 米，底层砖砌塔壁厚 2.45 米，由基台、塔身、15 层叠涩砖檐和宝刹组成。所谓叠涩，是一种古代砖石结构建筑的砌法，用砖、石，有时也用木材通过一层层堆叠向外挑出，或收进，向外挑出时要承担上层的重量。其具有一种抛物线的外观，使塔显得挺拔而秀丽。而全塔除底层较为高大外，上面的14层都间隔很近，塔檐紧密相接，所以被称为"密檐式塔"。

塔外观一层四角砌出壁柱，南面开门，东西面开窗，外壁8面，每面砌一座单层方形塔龛。塔龛自下而上由塔基、塔身、塔刹组成。塔的中部是15层密叠的重檐，用砖叠涩砌出，密檐之间矮壁上砌出各式门窗492个。密檐自下而上逐层内收，最上收顶，上建覆莲座及石雕塔刹。塔外轮廓呈抛物线造型，非常柔和丰圆，饱满流畅，生气勃勃。

塔内部则是一个楼阁式的砖砌大空筒，上下贯通，有几层木楼板。最高处有砖砌塔刹，通高4.75米，以石构成，其形式为在简单台座上置俯莲覆钵，束腰及仰莲，再叠相轮七重与宝珠一枚。该塔塔心室作九层内叠涩砖檐，塔身呈平面等边十二角形，中央塔室为正八角形，塔室宽7.6米，塔下有地宫。

塔身砌砖包括壁柱、塔形龛、叠涩屋檐等都使用泥浆，不加白灰等胶结材。各层塔檐叠涩和素平的基座都用砖一顺一丁砌成，转角交搭处两面都用顺砖。塔门为二券二伏的正圆券，小塔门用一券一伏，虽没有后世砌法成熟而规范化，但也能基本保持砌体之整体性，故能屹立1495年而不倒。由于佛塔的大量建造，砖砌结构由汉朝只砌墓室转到地上并取得了长足的进步。

嵩岳寺塔的这种密檐形12边形塔，在中国现存的数百座砖塔中，是绝无仅有的，在当时也是少见的。十二边形近似于最稳固的圆形基座，无论从何方向受力均易实现较好平衡，同时密檐上细下粗，呈抛物线内收，有利于结构支撑的稳定。

该塔不仅以其独特的平面形状而闻名，而且还以其优美的体形轮廓而著称于世。整个塔室上下贯通，呈圆筒状。塔室之内，原置佛台佛像，供和尚和香客绕塔做佛事之用。塔身有用莲瓣作柱头（希腊风格）和柱基的八角柱，有用狮子作主题的佛龛（波斯风格），有火焰形的券间（印度风格），建筑形式融合了东西方特色，十分优美。全塔刚劲雄伟，轻快秀丽，建筑工艺极为精巧。

嵩岳寺塔高大挺拔，主体建筑材料选用糯米汁拌黄泥做浆，以小而且薄的青砖垒砌，黏合力强，不易风化，坚固异常。这种建筑选材及用料在世界上是首创，具有独创性。塔历经千年而依旧屹立，充分证明了我国古代建筑工艺水平之高。嵩岳寺塔无论在建筑艺术上，还是在建筑技术方面，以及建筑材料和手段，都是中国和世界古代建筑史上的一件罕见绝品，在中国建筑史上具有无上崇高的地位，对后代产生过深远影响。

值得一提的是，嵩岳寺塔完全中空，由于没有塔棚与塔梯，所以1495年间无人可以攀登，这大大地减少了人为的震动与损坏。据说以前塔里是有塔棚与塔梯的，这里有一个"锁塔烧蟒"的传说。

很久以前，嵩岳寺里有个小和尚，专门负责清扫塔房。每当来到嵩岳寺塔中打扫卫生时，身体会慢慢升到空中，然后又慢慢落到地面。小和尚喜出望外，觉得这是佛祖对自己的恩惠。有一天，小和尚就把这事情告诉了师父。老和尚经过多日仔细观察，发现是塔棚上有一条大黑蟒在作怪，它总是想方设法妄图吞吸掉小和尚。又是一日的千钧一发之际，老和尚赶来大喝一声，黑蟒吓得缩回了头，小和尚捡回一条命。为了除掉黑蟒，老和尚连忙锁上塔门，叫徒弟们抱来柴火，把塔棚烧了。从此以后，嵩岳寺塔里便没有可登临的塔棚和塔梯了。

嵩岳寺塔，在中国建筑上具有里程碑意义，它创造了一座不怕雷火的永久性的佛塔。虽然在它以前500年间，砖已经被相当普遍地用在建筑上，但是像这座塔这样全部用砖结构而且达到将近40米的高度，它所反映的不仅仅是古代建筑师在用砖技术上极大的提高，而且也反映了砖的生产力、砖的品质有了极大的发展和改进。

我们从这座塔上可以看到社会生活需要和思想意识提出的要求，就向建筑提出了新的课题。当生产力和建筑师的技术达到一定水平的时候，就可以产生新的方法和形式来满足这种建筑要求。在结构上，这座佛塔由顶到底内部是空的，就如同今天我们砌一座烟囱那样砌上去一般。内部的楼板和扶梯都是用木头建造的。从这一现象看，说明了当时的建筑师在技术上还受到了一定的局限。从艺术方面看，这座砖塔的轮廓线是异常优美流畅的。这条轮廓线正是几何学上的抛物线型。这不仅说明当时的建筑师已经掌握了高水平的几何知识，而且在建造过程中能够准确地把它砌出来。从佛塔的发展史看来嵩山嵩岳寺塔，如同佛光寺大雄宝殿在木结构的殿堂中那样，是中国建筑文化上一件最珍贵的遗产。

由于木塔易遭火焚，不易保存，所以发展出仿木结构砖塔，并在楼阁式基础上发展出密檐式，还有小型单层的亭阁式。北魏以后，砖塔逐渐增加，木塔逐渐减少。到 10 世纪以后，新建的木塔已极为罕见了。

1500 年来，中华大地上有数不清的塔因为天灾人祸遭到破损和倒塌，但是嵩岳寺塔却以其独特的形制与悠久的历史，巍然屹立，当之无愧地成为中华的古塔之最，亦堪称中国建筑史上的奇迹。建筑学家们认为它是现代最流行的钢筋混凝土高层筒形结构的雏形。

嵩岳寺塔是中国现存年代最早的砖塔，也是世界上最早的筒体建筑。她是中国建筑艺术与西域建筑艺术交流结合的完美见证，代表了东亚地区同类建筑的初创与典范，在世界建筑史上具有不可替代的地位。

联合国教科文组织第 34 届世界遗产大会 2010 年 8 月 1 日审议通过，将"天地之中"8 处 11 项历史建筑被列为世界文化遗产，包括少林寺建筑群（常住院、初祖庵、塔林）、东汉三阙（太室阙、少室阙、启母阙）和中岳庙、嵩岳寺塔、会善寺、嵩阳书院、观星台等。

中华艺术之宫——四大石窟

魏晋南北朝时期，随着佛教的传入、兴盛，佛教建筑物也在我国南北各地大量出现。其中，魏晋南北朝的 300 多年间，是我国各族人民大融合的时期。在这时期中，传统的建筑技术和装饰增加了不少新的因素，特别是佛教艺术也逐渐融合到我国的建筑传统之中。

石窟寺是在山崖上开凿出的窟洞型佛寺。石窟寺自印度传入，与中国开凿崖墓技术结合，很快在全国得到推广。最早是在新疆，其次是甘肃敦煌莫高窟，创于366年。以后各地石窟相继出现，敦煌莫高窟、大同云冈石窟，洛阳龙门石窟、天水麦积山石窟是最著名的四处。石窟中有许多反映当时建筑形象的雕刻，如塔、殿宇的屋顶、斗拱、柱、前廊和窟檐等，是我们研究南北朝时期建筑的重要资料。

1. 莫高窟——世界最大的艺术宝库

著名的甘肃敦煌莫高窟，又名千佛洞，位于河西走廊西端、戈壁大沙漠的边缘，敦煌城东南25千米的鸣沙山东麓的崖壁上。敦煌的地理位置极为特殊和重要，是陆上丝绸之路的必经之地，可以和19世纪以后的上海相比拟。敦煌是走上沙漠以前的最后一个城市，也是由西域到中国来的人越过了沙漠以后的第一个城市。正是因为敦煌处在经济、政治以及包括文化交通要道上的战略位置，才使得中国第一个佛教石窟寺在敦煌被开凿出来。

莫高窟，始建于十六国的前秦时期，历经十六国、北朝、隋、唐、五代、西夏、元等将近1000年的长时间中陆续开凿出来，形成巨大的规模，现存洞窟约有1 000多个，壁画4.5万平方米，泥质彩塑492个，是世界上现存规模最大、内容最丰富的佛教艺术圣地。

这些石窟是以印度阿旃陀、加利等石窟为蓝本而仿造的。首先由于自然条件的限制，敦煌千佛崖没有像印度一些石窟那样坚实的石崖，而是比较松软的砂卵石冲积层，不可能进行细致的雕刻。因此在建筑方面，在开凿出来的石窟里面和外面，必须加上必要的木结构以及墙壁上的粉刷，墙壁上不能进行浮雕，只能在抹灰的窟壁上画壁画或作少量的泥塑浮雕。因此，敦煌千佛崖的佛像也无例外地是用泥塑的，或者是在开凿出来的粗糙的胎模上加工塑造的。在这些壁画里，古代的画家给我们留下了许多当时佛教寺塔的形象。也留下了当时人民宗教生活和世俗生活的画谱。

敦煌莫高窟现存735个洞窟，窟形的名称除少数（如大像窟之类）外，历史文献中都没看到相关的文字记载，也没发现民间口头上的称呼。为了便于区分和深入研究，现当代敦煌学的专家学者，根据洞窟的考古学、建筑学特征，将洞窟类型按石窟建筑和功用来加以归类命名。莫高窟窟形分类大致如下。

莫高窟九层楼

（1）中心塔柱窟，也叫支提窟。源于印度。窟内长方形平面，平顶，洞窟的中央设有方型石柱，方柱四壁开龛造像。这种窟的规模一般比较大，宽敞的前堂可供僧侣和信徒瞻仰参拜佛像，后部绕中心柱进行右旋仪式。为了使建筑结构更牢固，通常塔顶上接窟顶，就可以像柱子一样起到支撑的作用，因此被形象地称为中心柱。

（2）殿堂窟，也叫中心佛坛窟，是最具中国特色的石窟寺形制。窟有中心佛坛，坛上安放有雕塑佛像，坛前有阶陛，佛坛呈长方形或"凵"字形，高十几厘米到几十厘米，与我们平时见到的地面寺院没有什么区别。信徒可围绕佛坛右旋环通，礼佛观像。

殿堂窟大多是大型洞窟，跟中心塔柱窟的功能不同。按照印度古礼，信徒在中心塔柱窟要绕塔顺时针方向绕行参拜，因此中心塔柱窟一定要在塔柱后面留出行道用作礼拜的空间。但殿堂窟内的崇拜对象是佛像而非塔，因此可以将佛坛设置在洞窟后部或者紧贴墙壁。比较起在中心柱上开龛的情况来看，佛坛所能提供的场所就宽裕得多了，因此可以安设多尊一铺的塑像，使窟内更富于空间层次的变化。

（3）覆斗顶形窟，因窟顶形如覆斗而得名。又称倒斗形窟，窟形平面大多为方形，窟顶中心凹入部分呈方形，四个梯形坡面形如倒斗而得名。窟顶中心绘华盖（藻井），窟内多在西壁开凿一个佛龛，也有少数洞窟是南、西、北三壁各开凿一个佛龛或没有佛龛。覆斗顶也很像中国传统房屋布局中的布"帐"，这类洞窟是模仿汉晋以来的中原宫殿建筑模式。此类窟形因为空间宽敞明亮，适合聚众讲经和瞻仰礼拜，因此在莫高窟最多，是敦煌石窟的主要形式。

（4）大像窟，就是在高大的主室正壁（中心柱前壁）贴壁塑造大型弥勒立佛泥塑像。莫高窟塑有北大像的初唐第 96 窟、塑有南大像的盛唐第 130 窟等。其中第 96 窟高 40 米，窟外有 9 层木结构建筑，高 45 米，目前是莫高窟的标志性建筑。

（5）涅槃窟，俗称卧佛窟、睡佛窟。是将涅槃像作为洞窟的主体，前面没有遮挡而使卧佛像赫然横陈在观者面前，所以涅槃窟的平面都作横长方形。这类洞窟有像微凹曲的屋面，西壁有横贯全窟的佛床，佛床上塑有佛像。这类洞窟按形制，在建筑意匠上涅槃式窟是象征佛寺中的殿堂，佛像在洞窟空间里，使观者一览无余，给观者以良好的视觉环境和空间印象。

（6）禅窟，在主窟左右两壁各开凿仅供坐禅用的几个小型洞窟，专供当地僧众们生活和静坐修行的地方。结构简单，窟型较小，仅能容纳一个人跪在或者坐在其中。

（7）僧房窟，主要供僧人生活起居的洞窟，也兼有修禅静坐的功用。这一类型的洞窟，大小不一，一般由前室、甬道、主室构成。多数为单室，平面呈长方形或方形，内有土坯炕、砾石炕。

（8）廪窟，就是用来存放物品的仓库窟，一般是由其他洞窟改造而成。窟内有用土坯砌成的方格，用于分类放置物品。

（9）影窟，又称影堂、影室，为纪念高僧而塑其真容的纪念性洞窟，也有的是该高僧生前修禅行的禅窟。顶为覆斗形或平顶，面积大的 7 平方米左右，小的还不到 1 平方米。洞窟正壁绘塑有高僧像，其余壁面上绘制着侍女等。最具代表性的是第 17 窟，即蜚声中外的"藏经洞"，是名僧洪辩的影窟，内塑洪辩像，壁绘近侍女、比丘尼、菩提树、香袋净瓶等。"藏经洞"是 1900 年 6 月 22 日被敦煌莫高窟主持王道士（王圆箓）发现的，小小洞内藏有从 4—14 世纪的各种历史文本、绢画、刺绣等文物 5 万多件，这些珍贵文献用多种文字记载，有汉文、藏文、梵文、龟兹文、粟特文、突厥文、康居文等，堪称内容丰富的古代博物馆。

（10）瘗窟，是安葬僧人尸骨的洞窟，有的也可能用来安葬过世的俗家弟子。没有什么固定的形制。洞窟口都用土坯和石块封闭。

莫高窟早期的石窟形制上便已增添了中国木结构建筑的特色，隋唐以后的倒斗顶殿堂、正壁开龛，顶悬华盖（藻井），有的设有佛坛，前有踏步，后有背屏，四面围栏，佛坛四面画壶门图案、伎乐（音乐舞蹈）、动物装饰，四壁画连屏。中国古代建筑工匠、绘画雕塑艺术家们建造洞窟的过程中，在接受外来工艺、艺术的同时，积极加以消化吸收，使它成为中国的民族形式，其中不少是现存古代建筑的杰作。佛窟在世俗化过程中进一步模仿宫殿形式，中国特色更为浓厚。

敦煌莫高窟以壁画、雕塑和建筑融为一体而名闻天下。各洞窟的大小差别很大，最大的第 16 窟面积达 268 平方米，最小的第 37 窟高不到 33.33 厘米。窟型最大者高 40 余米，宽 30 余米，最小者高不足 33 厘米。其中最有价值的是，在石窟外保存有较为完整的五座唐、宋木结构洞窟屋檐，这可是稀世珍宝，此外，还有一些宋、元的土木古塔。壁画中还出现了代表时代的古代建筑图样，可以说是研究中国古代建筑史不可多得的第一手资料。

1961 年，莫高窟被中华人民共和国国务院公布为第一批全国重点文物保护单位之一。1987 年，莫高窟被列为世界文化遗产。

2. 浓烈的中国元素——云冈石窟

云冈石窟，位于中国北部山西大同市以西 16 千米处的武周山南麓。依山而凿，在东西长约一千米的石崖上，北魏的雕刻家们在450—500 年的短短 50 年，开凿了大约 20 多个大小不同的石窟和为数甚多的小壁龛。后来逐步开凿了 200 多个窟，包括了官方和民间的。现在可以开放的只有 45 个，重点参观的是前 20 个。现存主要洞窟 45 个，大小窟龛 252 个，造像 51 000 余尊，代表了 5—6 世纪时中国杰出的佛教石窟艺术。其中的昙曜五窟，布局设计严谨统一，是中国佛教艺术第一个巅峰时期的经典杰作。

云冈石窟佛像

游恒山悬空寺

同样，在建筑方面为了方便开凿，在开凿出来的石窟里面和外面，必须加上必要的木结构，其中最大的一座佛像由于它巨大的尺寸，就不得不在外面建造木结构的窟廊。但是，大多数的石窟却采用了在崖内凿出一间间窟室的形式，其中有些分为内外两室，前室的外面，就利用山崖的石头刻成窟廊的形式。内室的中部一般都有一个可以绕着行道的塔柱或雕刻着佛像的中心柱。

从云冈石窟我们可以看到印度石窟这一概念到了中国以后，在形式上已经起了很大的变化。例如，印度的支提窟平面都是马蹄形的，内部周围有列柱。但在中国，它的平面都是正方形或长方形的，而用丰富的浮雕代替了印度所用的列柱。印度所用的圆形的窣堵波也被方形的中国式的塔所代表。此外，在浮雕上还刻出了许多当时的中国建筑形象。例如，当时各种形式的塔、殿、堂等。浮雕里所表现的建筑，例如，太子出游四门（释迦牟尼、即净饭王太子，出四门受天帝感化而出家修道的传说）的城门就完全是中国式的城门了。

值得注意的是，在石窟建筑的处理上，和浮雕描绘的建筑上，我们看到了许多从西方传来的装饰母题。例如，佛像下的须弥座、卷草、哥林多式的柱头，伊奥尼斯的柱头和希腊的雉尾及箭头极其相似的莲瓣装饰，以及那些连环璎珞等，都是中国原有的艺术里面未曾看见过的。这许多装饰母题经过1000多年的吸收改变丰富发展，今天已经完全变成中国的建筑雕饰题材了。

2001年12月入选《世界遗产名录》。

3. 大型石刻艺术博物馆——龙门石窟

龙门石窟，位于中国河南省洛阳市南郊12千米处的伊水两岸的龙门山和香山崖壁上，主要开凿于北魏孝文帝年间，之后历经东魏、西魏、北齐、隋、唐、五代、宋等朝代，连续大规模营造达400余年之久，南北长达1千米。

拥有1500多年历史的洛阳龙门石窟，是享誉海内外的中国古代石刻艺术宝库和世界文化遗产。站在龙门石窟前，每一个人都会被其壮观华美深深震撼，同时，又不能不为满目的伤痕疮疤而扼腕叹息。

这里共有1 300多个石窟、97 000余尊佛像，从最大的高达17.14米的卢舍那大佛，到最小仅有2厘米的佛造像，居然没有一个是完整的！

1500多年间，龙门石窟经受着大自然的风霜侵蚀，遭遇了唐朝的灭佛运动，但最大的劫难来自近代。从清末民初到新中国成立前的几十年中，西方文化强盗勾结利欲熏心的文物贩子，大肆盗凿龙门石窟，佛头被砍下，雕像被肢解，浮雕被凿碎……越是精美的石刻

龙门石窟

艺术品,越会被当作劫掠的目标。它们被简单粗暴地从石窟中凿下,偷运境外,流向了欧美和日本等地。

如今,仍存有不完整的窟龛2 100多个,造像近10万多个,碑刻题记2 800多块,佛塔70多座,造像数量之多、规模之大、题材之多样、雕刻之精美、碑刻题记数量之多,蕴涵丰厚而蜚声中外。石窟中保留着大量的宗教、美术、建筑、书法、音乐、服饰、医药等方面的实物资料,因此,它是一座大型石刻艺术博物馆。

龙门石窟不像云冈石窟那样采用大量的建筑形式,而着重在佛像雕刻上。尽管如此,龙门石窟的内部还是有不少的建筑艺术处理的。

在龙门石窟中,北魏造像约占三分之一,全部在西山,最有代表性的洞窟有古阳洞、宾阳中洞、莲花洞、皇甫公窟、魏字洞、普泰洞、火烧洞、慈香窑等;唐朝造像几乎占三分之二,大部分在西山,自武则天时转移到东山,最有代表性的洞窟有西山潜溪寺、宾阳南洞、宾阳北洞(以上两洞的洞窟及窟顶装饰完成于北魏,佛像完成于隋和初唐)、敬善寺、摩崖三佛龛、奉先寺大像龛、万佛洞、极南洞和东山擂鼓台三洞、看经寺、高平郡王洞、千手千眼像龛、二莲花洞等。

龙门石窟是中国石窟艺术极为重要的组成部分,是5—10世纪中国乃至世界石窟艺术中最为辉煌壮美、璀璨绚烂的篇章,在国内外享负盛誉。

龙门石窟开凿延续时间长、跨越朝代多,所处地理位置优越,自然景色幽美,更是许多石窟难以比拟的。龙门石窟以大量的实物形象和文字资料从不同侧面反映了中国古代政治、经济、宗教、文化等许多领域的发展变化,对中国石窟艺术的创新与发展做出了重大贡献。龙门石窟的历史、艺术、科学和鉴赏价值,使其成为石窟艺术系列中不可缺少的主要代表作之一,应当受到全人类的重视和保护。

1961年,龙门石窟被中国政府公布为第一批全国重点文物保护单位;2000年11月30日,联合国教科文组织第24届世界遗产大会将其列入《世界遗产名录》。

4. 东方雕塑馆——麦积山石窟

麦积山位于甘肃省天水市麦积区，小陇山的一座孤峰，高142米，因山形似麦垛而得名。麦积山石窟始建于十六国后秦（384—417），以后屡有修葺扩建，至6世纪末的隋朝基本建成，并完整保留至今。现存221座洞窟，共计泥塑石雕、石胎泥塑7200余身，壁画1300多平方米。现存造像中以北朝（南北朝时期代指位于北方的政权）造像原作居多，被誉为东方雕塑艺术陈列馆。

麦积山石质不宜雕刻，佛像一般都是泥塑。经过1600年，塑像并未溃败，这种和泥法也有其特殊的地方。自隋至明清，历朝都有塑像，大塑像高达15米，小塑像高仅20多厘米。

麦积山石窟多凌空开凿在20至70米高的悬崖峭壁上，洞窟"密如蜂房"，栈道"凌空飞架"，层层相叠，其惊险陡峻为世罕见，形成一个宏伟壮观的立体建筑群。具有多种不

麦积山石窟

同类型的窟龛、崖阁，如崖阁、摩窟、摩崖龛、山楼、走廊；窟形有人字坡顶、方塌四面坡顶、拱楣、穹顶、方楣平顶、方楣覆斗藻井、方形平顶、圆形小浅龛、盝顶。洞窟多为佛殿式而无中心柱窟，明显带有地方特色。

麦积山石窟群的仿木殿堂式石雕"崖阁"独具特色，雄浑壮丽。其中最宏伟，最壮丽的一座建筑是第4窟上7佛龛，又称"散花楼"，位于东崖泥塑大佛上方，是我国典型的汉式崖阁建筑。其建在离地

面约 80 米的峭壁上，为 7 间 8 柱庑殿式结构，高约 9 米，面阔 30
米，进深 8 米，分前廊后室两部分。立柱为八棱大柱，覆莲瓣形柱
础，建筑构件无不精雕细琢，体现了北周时期建筑技术的日臻成熟。
后室由并列的 7 个 4 角攒尖式帐形龛组成，帐幔层层重叠，龛内柱、
梁等建筑构件均以浮雕表现。据记载，当年开凿石窟时，从下堆积
木材，达到高处，然后施工，营造一层，木材拆除一层，直到山脚。
1947 年，美国游客在《和平日报》中称赞麦积山石窟是"全世界七
大工程又增其一"。

可以说，麦积山第 4 窟的建筑是全国各石窟中最大的一座模仿
中国传统建筑形式的洞窟，是研究 6 世纪中叶北朝木构建筑的重要
资料，真正如实地表现了南北朝后期已经中国化了的佛殿的外部和
内部面貌，在石窟发展史上具有十分重大的意义。

麦积山石窟这些不同类型的窟龛、崖阁，是研究中西文化交流
和建筑结构演变、发展的重要实物资料。

从以上四大石窟的艺术特色来看，敦煌侧重于绚丽的壁画，云冈、
龙门著称于壮丽的石刻，而麦积山则以精美的塑像闻名于世。它们
都有着极其珍贵的艺术宝藏。

石窟这一概念是从
印度传来的，可是到了
中国以后，它逐渐就采
取了中国广大人民所喜
闻乐见的传统形式，但
同时也吸收了印度和西
方的许多母题和艺术处
理手法。

令人感到振奋的是，
进入 21 世纪后，敦煌石
窟在实现"数字化"并
通过多种途径与全球民众
"共享"的基础上，以石窟

敦煌石窟

资源为主的甘肃大批不可移动文物"数字化"进度不断加快，未来将通过文创产品或展览形式与公众"互动"。2017年初，天水麦积山石窟、永靖炳灵寺石窟、庆阳北石窟寺纳入敦煌研究院管理，与敦煌石窟一起，开启石窟管理的"敦煌模式"。

天下巨观——空中寺院

空中寺院，悬挂在空中的寺院，就是恒山悬空寺。

唐开元二十三年（735），诗仙李白游览悬空寺后，在岩壁上书写了"壮观"二字，但仍觉得意犹未尽，索性在"壮"字上又多加了一点。明崇祯六年（1633），著名地理学家、旅行家徐霞客游历到此，称悬空寺为"天下巨观"。

2010年12月，在《时代》周刊公布的全球十大最奇险建筑中，悬空寺名列其中。而建造年代较早的意大利比萨斜塔修建于1173年，德国利希滕斯坦城堡始建于11世纪，而建造于南北朝时期北魏的悬空寺比之早了700多年。尤其悬空寺历经1500多年风雨、地震等灾害的侵袭，竟依旧保存完好，堪称世界建筑奇迹中的奇迹。

398年，北魏建都平城（今山西省大同市），北魏天师道长寇谦之（365—448）临终前留下遗训：要建一座空中寺院，使得人们上了这处寺院，可以感到能与天上的神仙共语，而将人世间烦恼抛掉。北魏太和十五年（491），悬空寺建成。

悬空寺位于山西省大同市北岳恒

李白游览悬空寺后书写"壮观"二字

65

山金龙峡西侧翠屏峰的悬崖峭壁间，始建初期，最高处的殿楼离地面有90米，后来因历年河床淤积，现仅剩58米。

悬空寺迄今已有1500多年的历史，是国内现存最早、保存最完好的高空木构摩崖建筑，也是国内现存的唯一的佛、道、儒三教合一的独特古代建筑。悬空寺原名叫"玄空阁"，"玄"取自于中国传统宗教道教教理，"空"则来源于佛教的教理，后来改名为"悬空寺"，是因为整座寺院就像悬挂在悬崖之上，而在汉语中，"悬"与"玄"同音，因此而得名。

悬空寺独特的建筑特色难以言喻，建筑师和工匠究竟倾注了怎样的智慧才得以成就这一集建筑学、力学、美学、宗教学等为一体的伟大建筑着实令人匪夷所思。悬空寺修建在恒山金龙峡西侧翠屏峰的悬崖峭壁间，面朝恒山、背倚翠屏、上载危崖、下临深谷、楼阁悬空、以西为正，寺门向南开。结构奇巧，全寺为木质框架式结构，悬空寺下面可见的十几根碗口粗的木柱，并不承重，某些木桩甚至完全不承担重量，而建筑物的承重是深入岩壁的木柱完成的。梁柱上下一体，廊栏左右相连，曲折出奇。

悬空寺全部建筑面积只有152.5平方米，却建有大小房屋40间。寺庙各部分建筑的分布上，对称中有变化，分散中有联络，曲折回环，虚实相生，小巧玲珑，布局紧凑，错落相依。悬空寺内有铜、铁、石、泥佛像80多尊。

悬空寺处于深山峡谷的一个小盆地内，全寺悬挂于石崖中间，石崖顶峰凸出部分好像一把伞，使古寺免受雨水冲刷。山下的洪水泛滥时，也免于被淹。周围的大山也减少了阳光的照射时间。选址和巧妙的构思，使得悬空寺历经千百年仍保持完好无损。

悬空寺整体建筑格局，既不同于平川寺院的中轴突出，左右对称，也不同于山地宫观依山势逐步升高，而是巧依崖壁凹凸，审形度势，顺其自然，凌空而构。

悬空寺发扬了中国的建筑传统和建筑风格。悬空寺不仅外貌惊险、奇特、壮观，建筑构造也颇具特色，形式丰富多彩，屋檐有单檐、重檐、三层檐；结构有抬梁结构、平顶结构、斗拱结构；屋顶有正脊、垂脊、戗脊、贫脊。总体外观，巧构宏制，重重叠叠，造成一种窟中有楼，楼中有穴，半壁楼殿半壁窟，窟连殿，殿连楼的独特建筑风格，它既融合了中国园林建筑艺术，又不失中国传统建筑的格局。

悬空寺就像一幅悬挂在悬崖绝壁上的最精湛的、多层次的浮雕，将复杂的楼阁、殿堂建筑，利用三维形体的立体感，压缩成一定的空间深度，建筑特色展现得淋漓尽致，给人以一种强烈的视觉冲击。全寺以"奇、险、巧、奥"为基本特色，体现在建筑之奇、结构之巧、选址之险、文化多元、内涵深奥，建寺的构想和建筑，可以说是惊天地，泣鬼神，在世界范围内也是绝无仅有的。

1957 年被列为山西省重点文物保护单位，1982 年被列入全国重点文物保护单位。

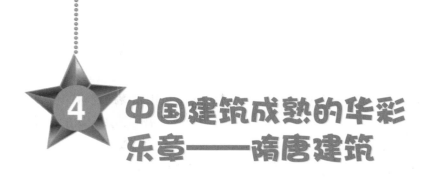

4 中国建筑成熟的华彩乐章——隋唐建筑

隋唐时期（590—906），在经过魏晋南北朝的过渡，自隋唐开始对外来文化进一步兼收并蓄。文化的繁盛、国力的强盛，使唐朝成为中国历史上最辉煌的封建王朝。尤其是在7世纪中晚期至8世纪中叶的盛唐，中国建筑艺术的发展达到了顶峰。

隋唐建筑既继承了前朝成就，又融合了外来影响，发展到了一个成熟的时期，形成一个独立而完整的建筑体系，把中国古代建筑推到了成熟阶段，并远播影响于朝鲜、日本。

隋唐时期建筑群处理愈趋成熟不仅加强了城市总体规划，宫殿、寺观等建筑也加强了突出主体建筑的空间组合，强调了纵轴方向的陪衬手法。这种手法正是明清宫殿布局的渊源所在。

唐朝建筑技术、设计与施工水平有了明显提高。我国古代木结构建筑的主要形式，都已基本定型，木构架已能正确地运用材料性能。在建筑设计中，出现了绘制图样与施工的专门技术人员，专业技术熟练，专门从事公私房设计与现场指挥，并以此为生。当时著名的建筑设计家宇文恺和阎立德、阎立本兄弟，曾经先后负责监造首都长安城和东都洛阳城。特别是长安城的布局，对于当时日本和朝鲜等邻国的都城建筑，均产生过巨大的影响。在实际施工中，建筑工人已能够按照图纸进行施工。唐朝廷制定了建筑修建的法令，设置有掌握绳墨、绘制图样和管理建造的官员。

唐朝木结构建筑解决了大面积、大体量的技术问题，并已定型化，反映了施工管理水平的进步，加速了施工速度，对建筑设计也有促进作用。现存木结构建筑物反映了唐朝建筑艺术加工和结构的统一，斗拱的结构、柱子的形象、梁的加工等都令人感到构件本身受力状态与形象之间内在的联系，达到了力与美的统一。这个时期建筑色调简洁明快、屋顶舒展平远、门窗朴实无华，给人以庄重、大方的印象，这是在宋、元、明、清建筑上不易找到的特色。

西安大雁塔

此外，隋唐时期砖石建筑也有了进一步发展，主要是佛塔采用砖石者增多。目前保存下来的唐塔均为砖石塔。唐朝砖石塔主要类型有：一层一层垒上去的叫作"多层塔"；一种是像嵩岳寺塔那样，在一个高大的塔身上承托多层密檐，叫作"密檐塔"。

大明宫含元殿

隋唐建筑的主要成就在皇宫建筑方面。隋唐兴建的长安城是中国古代最宏大的城市，唐朝增建的大明宫，特别是其中的含元殿，气势恢宏而高大雄壮，充分体现了大唐盛世的时代精神。此外，隋唐时期还兴建了一系列宗教建筑，以佛塔为主，如玄奘塔、香积寺塔、大雁塔等。

唐朝建筑规模宏大，规划严整，气势宏伟，形体俊秀，庄严稳重，严整而开朗，华美而雄浑，舒展而含蓄，柔和而精美，古朴却富有活力，充分反映了一个开放性时代的兼容并蓄精神。

梦幻跨度——天下第一桥

犹如一道美丽的七色彩虹，飞跨在河北省赵县的洨河之上，它那梦幻般的跨度，被世人公认为"天下第一桥"。

这座桥就是赵州桥，原名安济桥，俗称石拱桥，坐落在河北省赵县的洨河上。赵州桥，结构新奇，造型美观，是世界上现存年代最久、单孔跨度最大、保存最完整的一座敞肩型石拱桥。

一座美丽的桥，就有一个美丽的传说。都说建造赵州桥的是神仙下凡的中国建筑工匠的祖师爷——鲁班。流行至今的河北民歌《小放牛》里的唱词有："赵州桥鲁班爷修，玉石栏杆圣人留，张果老骑驴桥上走，柴王爷推车轧了一道沟……"说的是鲁班建成这座大桥后，八仙之一的张果老倒骑着一头白毛"神驴"，敲着渔鼓，带着财神柴王爷，兴致勃勃地赶来凑热闹。他们来到桥边，正碰上鲁班，他们想试试桥是否坚固，便问：这座大桥能承受他俩走吗？鲁班可不开心了，心想：开什么玩笑，装满货物的骡马大车都能过，不要说是两个人。鲁班就请他俩上桥。这可低估这两个仙人了，原来张果老的驴背上的布口袋里装有太阳、月亮，柴王爷推着的独轮车上载有"五岳名山"，这可有多重啊！二人一上桥，立马把桥压得直摇晃。鲁班一看不妙，赶紧跳到桥下，双手用力撑住大桥东侧。因为用力过猛，大桥东面桥洞下便留下了鲁班的手印。张果老、柴王爷过了桥，留下了驴蹄印、独轮车辙印，还有柴王爷跌倒时留下的一个膝印，以及张果老斗笠掉在桥上时打出的圆坑。

赵州桥

当然这只是一个神话故事，寄托了人们对古代能工巧匠鲁班的怀念。传说很美丽，更美丽的是古代能工巧匠勤劳智慧和建造出来的充满魅力的杰出建筑。

赵州桥，是隋朝造桥建筑师李春在隋开皇十五年至大业初（595—605）建造的，距今已经有 1500 多年，堪称中国建筑史上的奇迹之一。李春成为中国，乃至世界建筑史上第一位桥梁建筑专家。

李春雕塑

当时，赵州桥所在的赵县是南北交通要道，从这里北上可抵重镇涿郡（今河北省涿州市），南下可达京都洛阳，交通十分繁忙。然而却有一条洨河阻断，来往十分不便，到了洪水季节甚至不能通行。为此隋大业元年（605）决定在洨河上建设一座大型石桥以结束长期以来交通不便的状况。

李春受命负责设计和大桥的施工，李春在建桥过程中创下了许多技术成就，把中国古代建筑技术提高到了一个前所未有的全新水平。

赵州桥，桥身全长 50.82 米，宽 9.60 米，主孔净跨度长 37.37 米，拱高 7.23 米。该桥全部用石头砌成，共用石块 1 000 多块，每块石重达 1 吨。桥上装有精美的石雕栏杆，栏板上雕刻着精美的图案：有刻着两条相互缠绕的龙，嘴里吐出美丽的水花；有刻着两条飞龙，前爪相互抵着，各自回首遥望；有刻着双龙戏珠。雕刻手法灵巧精美，栩栩如生。

赵州桥是中国现存最早的大型石拱桥，也是世界上现存最古老、跨度最长的敞肩圆弧拱桥。据世界桥梁考证，像这样的敞肩拱桥，欧洲到 19 世纪中叶才出现，比中国晚了 1200 多年。李春改变传统的多孔形式，断然采取单孔长跨石拱形式，在河心不设桥墩，只有一个拱形的大桥洞，横跨在 37 米多宽的河面上，有利于舟船航行，也方便洪水宣泄。采用这种巨型跨度，可以说是一种梦幻跨度，在当时是一个空前的创举，把中国古代的建桥技术提高到了一个新的水平。

李春在拱的形式上，创造性地改用平拱形式，把桥造成扁弧形，使石拱高度（拱矢）降到 7 米多，拱高和跨度大约是 1∶5 的比例。这样，桥面坡度平缓，车辆行人往来非常方便，而且还具有用料省、施工快以及增加桥身强度和稳定性等优点。

李春在大桥洞顶上的左右两边，各建造了两个拱形的小桥洞。靠近大桥洞的小桥洞净跨为 3.8 米，另一小桥洞的净跨为 2.8 米。这种大桥洞上加小桥洞的布局（近代称为"敞肩型"）有下列优点。

（1）节省了石料，减轻了桥身的重量（据计算，4 个小桥洞可以节省石料 260 立方米左右，减轻桥身重量 700 吨），减少桥身对桥台和桥基的垂直压力和水平推力，增加桥梁的稳固；

（2）增加泄洪能力，减轻洪水季节由于水量增加而产生的洪水对桥的冲击力。4 个小桥洞可以分担部分洪流，增加过水面积 16.5% 左右；

（3）均衡对称，造型优美，轻巧秀丽，体现了建筑和艺术的完美统一；

（4）符合结构力学的理论，大桥洞上加小桥洞的结构，在承载时使桥梁处于有利的状况，可减少大桥洞的变形，提高了桥梁的承载力和稳定性。这种设计，在建桥史上是一个创举。

现在赵州桥旁边的公园内有一尊李春像，中年学士打扮，文质彬彬，左手拿着一卷图纸，迎风而立，风度潇洒，仿佛正在酝酿、策划如何造桥。隋朝虽然短暂，但是李春在科学造桥技术方面却取得了不少卓越的成就。李春作为一代桥梁建筑专家，赵州桥作为一座历史名桥，都将永远载入中国建筑乃至世界建筑史册，为后人所铭记。

李春在桥址的选择上非常符合科学原理，他选定一片密实的粗砂层作为大石桥的天然地基，上面覆压 5 层石料，砌成桥台，拱石就砌在桥台上面。根据现代验算，密实粗砂层每平方厘米能够承受4.5～6.6千克的压力，而赵州桥对地面的压力是每平方厘米5～6千克，计算十分精确。因为大桥建筑在坚实可靠的基础上，尽管地基很浅，构造也很简单，仍然能够经受住大桥承重。据测量，自建桥到现在，大桥桥基仅下沉了5厘米，实在令人惊叹。

李春是中国隋朝著名的桥梁建筑师，举世闻名的赵州桥就是他最伟大的杰作，这个浓缩了中华人民智慧结晶的标志性桥梁，开创了中国桥梁建造的崭新局面，为中国桥梁技术乃至世界桥梁技术的发展做出了巨大贡献。

赵州桥不仅结构雄伟壮丽、奇巧多姿、布局合理，而且在中外桥梁史上亦占有十分重要的地位，对我国后代的桥梁建筑有着深远的影响。也成为世界桥梁史上的首创。

赵州桥的敞肩圆弧拱形式是中国劳动人民的一大创造，英国著名中国科学技术史专家李约瑟博士在其巨著《中国科学技术史》中，曾列举了26项1—18世纪先后由中国传到欧洲和其他地区的科学技术成果，其中的第18项就是弧形拱桥。

这座大桥自建成至今已有1500多年，这期间经历了8次以上地震的影响，8次以上战争的考验；承受了无数次人畜车辆的重压，饱经无数次风刀霜剑、冰雪雨水的冲蚀，却雄姿不减当年，仍巍然屹立在洨河上。

大唐帝国的建筑符号

大唐帝国的建筑符号，就是首都长安（今西安市）。

大唐帝国首都的规模宏大、壮观，被列为人类进入资本主义社会之前城市中的世界第一。长安城的规划是我国古代都城中最为严整的，它甚至影响到唐朝渤海国东京城（今黑龙江省牡丹江宁安市），日本平成京（今奈良市）和后来的平安京（今京都市）。唐朝长安大明宫规模也很大，遗址范围即相当于清明故宫紫禁城总面积3倍多。其他府城、衙署等建筑的宏伟宽广，大大超越了以前各个朝代。

唐朝长安是在隋朝大兴城的基础上修建、扩充而成的。隋唐在经过了长期战乱后复归统一，尤其是随着唐朝国力的逐渐强盛，建筑风格又重现了秦汉时期气魄宏伟的特色。大唐帝国作为中华民族历史上又一个统一、强大的王朝，在继承了秦汉时期的建筑风格的同时又有其新的开拓和发展。

大唐帝国首都长安城，是当时中国的政治、经济、文化中心，也是那个时候全世界规模最大的都市之一。城内有帝王后妃的宫城，有政府机关所在的皇城。有商业区东西两市，还有一百零八坊。全市规划整齐，作棋盘状，总面积83平方千米，约是现在西安城（明清时建）的7倍半多。

20世纪50年代末期开始，考古工作者对长安城及各宫殿建筑形制，作了多次采勘和发掘，复原了部分城垣、城门、宫殿，对长安城有了更确切的了解。长安城的四城墙与西门（现存的城墙为明朝所建），长安城外郭城（京城）东西长9 721米，南北长8 651.7米，墙厚在9～12米左右。现在仅残存墙基，埋在地下。每面城各有城门三座，南面当中是长安城的正门明德门，明德门向北是正对皇城的朱雀门和正对太极宫的承大门，有五个门道，较其他城门多两道。门道宽5米，最旁边的两道有车辙痕，有的车辙从中间三个门道前面绕至两端的门道通行。推测当时左右两端的门道专给车辆行走，其次二门则出入行人。而当中一门，从石门槛雕刻特别精致来看，大约只有皇帝郊祀或出行时才通行。

城中最北部是宫城，东西长1 803米，南北长1 492.1米。包括了太极宫、东宫和掖宫三座宫殿。太极宫也叫"西内"，就是隋朝的大兴宫，位居宫城中央，东西各有一墙与东宫、掖庭宫相隔。整个城被现在的西安市区所占据。

紧接着宫城之南是皇城，也叫"子城"，东西长1 803米，南北长1 843.6米。皇城是政府机关所在，三省、九寺、四监均在此。可惜现在遗址上面满是建筑，无从勘测。

长安城的街道，都是南北向街道11条，宽100步（唐朝1步约1.51米）；东西向14条，宽47步、60步、100步不等。探勘结果与文献大致相符，街道笔直，作正东西和正南北向，交错如棋盘。街面中间高，两侧低，旁边有宽2.5米左右的排水沟，两旁绿树成荫。一般街道宽在30米以上，通各城门者较宽，便于通行车辆。尤其皇城正门朱雀门前面的朱雀街，是贯通京城南北的上轴，北连宫城，南出明德门至郊祀之所，特别宽阔，长达150米以上。这种设计很合乎城市交通的需要，甚至比之现代都市都毫不逊色。

唐朝长安西市模型

街道划分出来的即一百零八坊及东西两市，各坊有坊墙，坊内有街道、下水沟，每坊有名字，成一个独立小单位，宅院、庙宇就盖在坊内。

唐朝的长安宫殿布置在城区北部，在主体建筑太极宫中严格按南北中轴线布置

唐朝长安城

了大朝（宫城正门承天门），日朝（太极殿）和常朝（两仪殿），宫后是内苑，宫左右侧分别是掖庭宫和太子居住的东宫。此外，还在宫城的南郊区划出皇城以安置主要军政机构的官署和太庙、太社，更完整地体现了"前朝后寝"（皇宫分为前后两部分：前朝，帝王上朝治政、举行大典之处；后寝，即帝王与后妃们生活居住的地方）、"左祖右社"（国都营建规则：宫殿的东边是祖庙，西边是社稷，左右对称）。

贞观八年（634），唐太宗选定长安城东北禁苑中龙首原高地，营造大明宫，为太上皇消夏的夏宫。龙朔二年（662），唐高宗李治命令扩建。大明宫的正殿含元殿建成后，唐高宗便正式在大明宫听政。此后200余年，大明宫都是唐朝主要的朝会之所，成为大唐帝国的统治中心和国家象征。

气魄雄伟的大明宫，中国最强盛时期大唐帝国的皇宫，周长7.6多千米，面积约3.2平方千米；宫城共11个城门，其东、西、北三面都有夹城；南部有3道宫墙护卫，墙外的丹凤门大街宽达176米，是大唐帝国最为宏伟的宫殿建筑群。经考古发掘，在大明宫内有含元殿、麟德殿、三清殿等大型遗址。

含元殿，是大明宫的正殿，体现了唐朝建筑文化中博大恢宏的气势。殿基高于坡下15米，面阔11间，进深4间，殿堂本身东西长约60余米，南北宽约40余米。含元殿前左右两侧有东西向的宫墙相连，向前又引出翔鸾、栖凤二阁，殿阁之间有回廊相连，基址显示，两阁相距150米。含元殿在"凹"形平面上组合大殿高阁，相互呼应，轮廓起伏，体量巨大，气势伟丽，开朗而辉煌，极富精神震慑力，是大唐建筑的杰出代表。含元殿662年开始营建，翌年建成，以后的200多年间一直被使用，是举行国家仪式和大典的地方。

麟德殿，在大明宫太液池西的一座高地上，是皇帝宴饮群臣的地方，也是大明宫内另一组伟大的建筑。麟德殿遗址比较完整且已经全部发掘，由此可知当时木建筑解决了大面积、大体量的技术问题，并已定型化。麟德殿的台基南北长130余米，东西长77余米；台分上下两重，共高约2.50米。台上由东至西有柱础痕迹10排，每排由南至北为17柱。原有墙壁残基尚存，麟德殿底层面积约5 000平方米，采用了面阔11间、进深17间的柱网布置，由4座殿堂（其中2座是楼）前后紧密串联而成，构成约宽60米，深80米的庞大殿堂，殿内主要部分的地面用精致的花纹砖铺墁。麟德殿主体建筑左右各有一座方形和矩形高台，台上有体量较小的建筑，各以弧形飞桥与大殿上层相通。主殿与前殿相接处还有东西向的廊屋；两楼与廊屋之间还有南北向的廊屋相连，形成两个庭院；院内各有一亭——东亭和西亭，这一切都与文献记载符合。麟德殿建筑布局，以数座殿堂高低错落地结合到一起，以东西的较小建筑衬托出主体建筑，使整体形象显得更为壮丽、丰富。

大明宫三清殿

　　三清殿，位于大明宫遗址西北角，是一座高台建筑，为宫廷道教建筑之一。台基北高南低，现存高度为 12.6 ～ 15 米，平面呈凸字形，北宽南窄，南北长 78.6 米，东西宽北部为 53.1 米，南部为 47.6 米，面积达 4 000 余平方米。高台为版筑夯土，周围砌 1.26 米厚的砖壁，表面皆顺砌磨砖对缝的清水砖面，其底铺有磨制工整的基石两层。基石及砖壁向上均呈内收 11° 角的斜面，从出土的大量朱绘白灰墙皮，可知上面有殿堂或楼阁建筑。其上安石栏及排水石槽等设施，出土有石残件。方砖铺排 1.5 米宽的散水绕以台基下，上殿的阶道有两条，一条是踏步阶梯道，设在南面正中，长 15 米，宽 32 米。另一条是斜坡慢道，设在台基北端两侧，长 43.25 米，平面呈梯形。慢道上面两侧铺有压边条石并设石栏。遗址中出土很多绿琉璃和黄、绿、蓝三彩瓦，青灰色陶瓦为数也较多，还有铜构件及镶嵌在木构件上的鎏金色铜饰残片等。除三清殿外，大明宫中还有其他道教庙观建筑遗址，如大角观、玄元皇帝庙等遗址。

　　大明宫的北部是宫廷园林区，建筑布局比较疏朗，建筑形式多种多样，堪称唐朝园林建筑的杰作。大明宫在唐末遭到破坏，但是，我们现在还可以清晰地看见遗址内的含元殿、麟德殿、三清殿等遗迹。

　　大唐帝国是中国历史上最强盛、最辉煌的时期，也是中国建筑的大发展时期。作为大唐帝国的建筑符号，帝国首都、皇宫的大建筑群规模宏大，布局舒展，前导空间充分、流畅；个体建筑结构合理、有机，斗拱雄劲。从整体来看，大唐建筑风格明朗、雄阔、伟丽，标志着中国古代建筑体系走向成熟。

中国木结构建筑的瑰宝

唐朝的木结构建筑实现了艺术加工与结构造型的统一，包括斗拱、柱子、房梁等在内的建筑构件均体现了力与美的完美结合，成为中国木结构建筑的范本。

唐朝最宏伟的木结构建筑当数武则天时所建造的"明堂"。文献记载它的平面为方形，约合98米见方，高约合86米，是一座底部为方形而顶部为圆形的3层楼阁。建造如此复杂的高层建筑，工期只用10个月，由此可见当时的建筑设计与施工的技术已经相当成熟。据近年对明堂遗址的考古发掘，其平面尺寸与结构同文献记载基本一致。

中国历史上曾有过多次消灭佛教的活动，从北魏到五代，佛教建筑被拆毁殆尽，再加上木结构建筑材料本身的不耐久，致使中国保存下来的木结构佛殿很少有年代很早的。现存最早的一座是建于唐建中三年（782）的山西五台山的南禅寺大殿，还有建于唐大中十一年（857）的佛光寺东大殿。

佛光寺东大殿，是现存唐朝木结构建筑中规模最大、质量最好的一座，但与敦煌壁画上所绘的唐朝佛寺中殿阁楼台恢宏的建筑群相比，仍不免简约。不过仅就

佛光寺

佛光寺东大殿来看，其木构件的雄劲，已能让人领会到唐朝木结构建筑所达到的高超水平。它的木结构用料已具模数（模数是选定的标准尺度计量单位。单位被应用于建筑设计、建筑施工、建筑材料与制品、建筑设备等项目，使构配件安全吻合，并有互换性）、斗拱功能分明，尤其是正梁之下只用大叉手（大叉手构架为三角形屋架）而不施侏儒柱（立于梁上的短柱，起到脊椎作用），表明唐朝匠人已经充分了解三角形为稳定形的原理。它的屋顶平缓、出檐深远，造型庄重美观，建筑技术与艺术达到了和谐统一。

隋唐时期，在木结构建筑上已经解决了大面积、大体量的技术问题，并加以定型化。隋唐时期大体量的建筑已不再像汉朝那样依赖夯土高台外包小空间木构建筑的办法来解决。这个时期建筑各构件，特别是斗拱的构件形式及用料都已规格化、定型化，反映了施工管理水平的进步，加速了施工速度，对建筑设计也有促进作用。

现存木结构建筑反映了唐朝建筑艺术加工和结构的统一，斗拱的结构、柱子的形象、梁的加工等，都令人感到构件本身受力状态与形象之间内在的联系，达到了力与美的统一。建筑色调简洁、明快，屋顶舒展、平远，门窗朴实无华，给人以庄重、大方的印象，这是在宋、元、明、清建筑上不易找到的特色。

唐朝木结构建筑的风格贯彻"以中轴线左右对称"原则，给人的印象是：结构简单，朴实无华，雄伟气派。它的造型特点主要包括：①斗拱硕大。斗拱大是唐朝木结构建筑最基本的特征，因为斗拱大，屋檐看上去较为深远。②简单而粗犷的鸱吻。鸱吻就是房屋屋脊两端的一种装饰物，唐朝木结构建筑的鸱吻一般作鸱鸟嘴或鸱鸟尾状。③屋檐高挑。唐朝木结构建筑的屋檐高挑向上翘起，而且屋檐通常分为上下两层。④屋瓦呈青黑色。⑤柱子较粗。唐朝木结构建筑的柱子比较粗，而且下粗上细，体现了唐朝人以胖为美的审美取向。⑥色调单一。唐朝木构建筑所包含的颜色不会超过两种，一般均为红白两色或黑白两色。

从唐至今，历经千年，包括大名鼎鼎的"佛光寺"在内，如今中国仅存四座唐朝木构建筑，全部都在山西省境内。

1. 中国古代建筑第一国宝——佛光寺东大殿

20 世纪 30 年代，日本学者在对中国大地进行了广泛长时间调查之后，以嘲讽的口吻给中国古代建筑下了一条定论：在中国大地上已经没有唐朝木结构建筑，没有 1000 年以上的木结构建筑，要看唐朝木结构建筑，就去日本的奈良、京都吧。外国人如此嚣张武断，也说明当时中国古代建筑科考人员和普查活动的欠缺。

不可否认的是，一座木结构建筑能够从 9 世纪保存到 21 世纪，时间跨度千年以上，要经历多少天灾人祸，风雨霜雪，简直是不可想象的奇迹。

也许是冥冥中自有天意，奇迹终将出现。那就是距今 1161 年的中国古代建筑第一国宝——唐朝佛光寺东大殿的发现，竟然归功于一对建筑家夫妇的天赋、灵感、执着和孜孜不倦的寻觅。

1932—1937 年初，著名建筑学家梁思成和夫人林徽因率领考察队频频走出北京，实地考察了全国 137 个县市、1823 座古代建筑。可是，他们一直期望发现的 1000 年以前的唐朝木结构建筑却从未出现过。后来，梁思成偶然看到了一本画册《敦煌石窟图录》，这是法国汉学家伯希和在敦煌石窟实地拍摄的照片。梁思成看到第 61 号洞中有一幅完整清晰的唐末五代壁画"五台山图"，其中有一座叫"大佛光之寺"的庙宇引起了梁思成的注意。天赋和灵感告诉他：既然壁画是唐末时画的，寺必然就是唐或唐之前修建的。

根据《敦煌石窟图录》的线索，梁思成和林徽因很快在北平图书馆查阅到了有关"大佛光之寺"的资料。佛光寺始建于北魏，唐武宗灭佛时被毁，仅仅 12 年后佛光寺重建。而被毁之前的"大佛光之寺"影像，被描绘于几千米之外的敦煌石窟，可想而知这座寺院在唐宋时期五台山寺庙中的地位有多高。事不宜迟，梁思成和林徽因决定立即前往五台山探寻。

以这张壁画为线索，坚持不懈和艰辛异常的寻找开始了。1937 年 6 月，梁思成、林徽因带着助手莫宗江、纪玉堂动身前往五台山，从北京坐火车到太原，然后换乘汽车到五台县的东冶，又换乘骡车抵达县城。当时，他们的状况并不好：梁思成一条腿有伤，林徽因还生着肺病。1937 年 6 月 26 日，雇了马车和毛驴，从清晨走到黄昏时分，梁思成、林徽因一行四人风尘仆仆地来到台怀镇西南两百余千米的豆村。转过山道，他们远远望见一个隐藏在连绵山峦下的寺庙。当年的古寺早已香客冷清，荒凉破败，看守寺院的只

佛光寺东大殿

有一位年逾古稀的老僧和一位年幼的哑巴弟子。当老僧明白造访者的来意后，佛光寺寂寞多年的山门，终于被打开。这一年，梁思成 36 岁，林徽因 33 岁。

梁思成夫妇在佛光寺里惊喜地发现，东大殿南侧有一座砖塔，与敦煌壁画上所绘的砖塔一模一样。特别是佛光寺东大殿，宏大的外观、雄大的斗拱、广檐翼出，整体庞大豪迈，一派大唐风范。但是，有点懊恼的是，一时却苦于找不到确凿的证据可以证明这座建筑就是唐朝的。

出乎意料的是，林徽因是看远处清楚的远视眼，她抬头扫视了殿内一圈，一眼就发现了常人看不到的大殿的梁上好像刻着什么字。一时也找不到梯子，在寺内僧人的帮助下，他们在殿内搭起了脚手架，随之用布擦掉梁上厚厚的灰尘，终于看清了字的内容，和殿外的石经幢相互印证，终于确凿无疑地证实：这是一座建造于唐大中十一年（857），保存完好的唐朝木结构建筑。由此轰动中外建筑学界，打破了当时日本人的定论。

梁思成和林徽因一行走进佛光寺东大殿，终于完成了他们一直坚持于心的"中国必有唐朝木构存世"的夙愿。此后，一批又一批

研究学者、古代建筑爱好者走进这座圣殿，体味它独有的雄伟和先贤发现它时的欣喜。

如果说，佛光寺的发现，是梁思成根据伯希和拍摄的照片而去搜索的结果，那么今天我们再来翻看"五台山图"中"大佛光之寺"的照片并作比较，就会发现，其实图片与今天的佛光寺的差异还是相当大的。敦煌第 61 窟壁画制作的年代也已进入唐末五代，又加上1000 多年的风雨经历，以那个时期所绘壁画来作为寻访唐朝建筑的参照指南，显然是十分困难的。但梁、林等先生凭借天赋、灵感和努力，终于还是找到了梦寐以求的唐朝木结构建筑。这种发现在当时确实极具穿透力和震撼力，仿佛在中华大地惊天动地地兴起了一座古代建筑伟岸的高峰，让世界目瞪口呆。

佛光寺，位于五台县东北 32 千米佛光山山腰，始建于北魏，唐朝 845 年会昌灭法时曾被毁，唐大中十一年（857）重建。现存的东大殿，集塑像、壁画、墨迹、建筑于一体，被梁思成称为"中国古建筑第一国宝"。距今已有 1161 年。

唐朝建筑舒展朴实，庄重大方，色调简洁明快。佛光寺东大殿是典型的唐朝木结构建筑，体现了上述特点。

佛光寺东大殿，雄浑苍劲，面宽 7 间，进深 4 间，规模相对来说也算比较大的。屋顶形式是一个四坡顶，上层木结构是一个四边形结构，上有很大的斗拱层，上面再建屋顶。殿中所有的大梁都是微微拱起的，中国称作"月梁"形式。这样微微拱起的梁，符合力学荷载的要求，再加上稍许艺术加工，就呈现了极其优美柔和而有力的形式。

东大殿建筑中采用了大量中国传统的斗拱结构，充分发挥了它的高度装饰性，并取得了结构与装饰的完美统一。值得一提的是，这种建筑独特的形架，都是可以移动、变化的，在后来很多建筑中都有体现，比如辽朝的应县木塔。这种结构的好处在于，虽然不是一个很刚性的结构，却可以移动变化，如佛光寺底下的一个柱础，柱子就放在柱础上，所以柱子是不生根于地下的，但是一旦有外力、地震力作用的时候，地面与柱子间是可以移动的，因此，在移动变化过程中可以极大地缓冲外力的重压冲击。

在东大殿里，还保存下来9世纪中叶的三十几尊佛像、同时期的墨迹以及一小幅的壁画，再加上佛殿建筑的本身，唐朝的四种艺术，就集中在这一座佛寺中保存下来。应该说，它是中国建筑遗产中最珍贵的无价之宝。

佛光寺内唐朝木构东大殿、彩塑、壁画、墨书题记、金建文殊殿、魏唐墓塔、唐石经幢等，都是具有高度历史、艺术价值的珍贵文物。而佛光寺东大殿是我国早期木结构建筑的典范之作，东大殿外在形象集中体现了唐朝木构建筑清爽简单、祥和浩荡的气魄。为中国现存规模最大的唐朝木结构建筑暨第二早的木结构建筑（仅次于五台县的南禅寺大殿）。佛光寺东大殿是中国现存珍稀唐朝木结构建筑中规模最大、保存最完整的一座。

从一开始，佛光寺东大殿就不是一座普通的建筑，而是一处唐朝建在中国腹地五台山的重要寺宇。从规度气势来看，东大殿在唐朝已堪称杰作，充分展示了中国古代建筑的隐秘性、完美性。

自1937年被发现的80多年来，佛光寺东大殿早已成为中国古代木结构建筑的纪念碑，东大殿就是中国古代建筑的帕特农神殿，完美、永恒、锁定了中华民族性格，体现了中华特有的建筑美术法则，做到了与西方建筑分庭抗礼，成为东方建筑的最重要典范。中国传统建筑的秩序，在佛光寺东大殿得到了全面的体现，高台、栋宇、斗栱等，大唐雄浑之风扑面而来，彰显了这一建筑文明来自强盛帝国的恒久生命力。

1961年，国务院将佛光寺确定为全国重点文物保护单位。

知识链接

帕特农神殿

帕特农神殿，位于希腊雅典老城区卫城中心，以奉祀雅典守护女神雅典娜，是希腊梁柱式建筑中登峰造极之作，有"希腊国宝"之称。由著名建筑师与雕刻师菲迪亚斯承担神殿设计，完成于公元前432年。

帕特农神殿的设计，代表了全希腊建筑艺术的最高水平。外观气宇非凡，光彩照人，细节加工也精细无比。它在继承传统的基础上又作了许多创新，事无巨细皆精益求精，由此成为古代建筑最伟大的典范之作。它采取八柱的多利亚，东西两面是8根柱子，南北两侧则是17根，东西宽31米，南北长70米。东西两立面（全庙的门面）山墙顶部距离地面19米，也就是说，其立面高与宽的比例为19∶31，接近希腊人喜爱的"黄金分割比"，优美无比。柱高10.5米，柱底直径近2米，即其高宽比超过了5，比古风时期多利亚柱式（三种希腊古典建筑柱式中最简单的一种）通常采用的4∶1的高宽比大了不少，柱身也相应颀长秀挺了一些。这反映了多利亚柱式走向古代规范的总趋势。

帕特农神殿外部呈长方形，殿内原有46根圆形石柱，现只剩下侧面各17根，前后也各剩下8根。屋顶三角楣上刻有浮雕，正面是雅典娜女神披戴盔甲从宙斯头部跃出的情景，背面是雅典娜与海神波塞顿争执要成为雅典城守护神的场面。

2. 唐朝木结构建筑珍贵实例——天台庵

天台庵是 1956 年山西文物普查时发现的，当时的报告认为"有些地方近似南禅寺……可能是一座晚唐的建筑"。它是中国佛教创立最早的宗派"天台宗"的庵院（指佛教出家的尼姑居住的处所）。

天台庵正殿是一座不大的佛殿，建筑在太行山深处王曲村的中坛孤山上，四周青石砌岸，松柏为墙。天台庵原建制不详，现仅存正殿 3 间和唐碑 1 通，虽规模不大，却是我国古老的木结构建筑中极其珍贵的实例。大殿单檐歇山顶，举折平缓，出檐深广。殿身各柱柱头优美古朴。殿内梁架及斗栱上保留有简单的清式彩绘，山花壁内尚有部分清朝壁画残迹。大殿结构简练，没有繁杂装饰之感，这体现了唐朝建筑的特点。

引人注意的是，天台庵在梁架结构上还保持了唐朝的梁架结构。但是它的举折，也就是屋顶，已经比南禅寺和广仁王庙稍高了一点，那就是说到了晚唐，梁架在往高里做，包括佛光寺东大殿的举高都比南禅寺高，可以看出越早一点的建筑，屋顶越比较平缓，越到晚期的建筑屋顶就越高。天台庵则为唐制至宋制的过渡实例。

1988 年被国务院公布为全国重点文物保护单位。

3. 寂寞千年的活化石——广仁王庙

广仁王庙位于山西省芮城县城，是一座典型的唐朝建筑，又称五龙庙，庙前曾有五龙泉水，为当地灌溉之水源，因五龙之中的青龙又被称为"广仁王"而得名。现存正殿的建筑年代是唐太和五年（831），比佛光寺还早了 23 年，仅晚于五台山南禅寺大殿，是中国现存 4 座唐朝木结构建筑之一，也是中国现存最早的道庙建筑，号称寂寞千年的活化石。

广仁王庙是一座四合院的庙堂建筑。由戏台、厢房、正殿和山门组成，四周有围墙，东南角辟有小门。据说原来在庙门和照壁之间，有呈八字形的两座石坡为道，后来因为土崖塌陷而被毁，东西厢房也被夷为平地，现在仅存正殿和建于清朝的戏楼。

正殿坐北向南，建在砖砌的高 1.2 米的台基上，面宽 5 间，进深

3 间，通面阔 11.47 米，当心间 2.95 米，两次间 2.9 米，两梢间仅 1.36 米，不及明次间之半。通进深 4.92 米，当心间 2.2 米，梢间亦为 1.36 米，平面呈长方形。青砖殿身沉稳厚重，梁架和斗拱简洁明快，单檐歇山顶，托起的房顶缓坡翘角灵动飘逸，有振翅飞翔之感。正面明间辟板门，两次间为破子棂窗，两间稍偏小。殿周用 16 根檐柱，全部砌入墙内。柱上仅施阑额（古典柱式结构的三大构件之一，位于柱顶，支撑壁缘和檐口），转角处阑额不出头。檐下仅施柱头斗拱，特别是这种柱头斗拱造型技艺在唐朝建筑中较少出现，大斗拱出挑深远体现一派唐风。内部搁架铺作斗拱硕大，平梁上设侏儒柱和叉手，两端施托脚。叉手长壮，侏儒柱细短，构成极平缓的下坡。殿内无柱，梁架全部露明。梁枋形状均为"月梁造"，为典型的唐朝建筑。

广仁王庙

广仁王庙的正殿造型端丽、建筑结构简练，屋顶平缓，板门棂窗，古朴素雅。虽然广仁王庙的建筑面积和体量不大，但是正殿的斗拱、梁柱、柱基、举折、屋顶等，无一不彰显大唐朝建筑独特的风格魅力，蕴含丰富的建筑艺术之美、历史价值和学术价值。

2001 年 06 月 25 日，广仁王庙作为唐朝古建筑，被国务院批准列入全国重点文物保护单位。

4. 最古老唐朝木结构建筑——南禅寺

在中国木结构的佛教建筑中，现存最古老的一座木结构建筑就是山西五台山的南禅寺。

南禅寺位于山西省忻州市五台县西南的东冶镇李家庄，距离县城 20 多千米，南禅寺坐北向南，占地面积 3 078 平方米。寺内主要建设有山门（观音殿）、东西配殿（菩萨殿和龙王殿）和大殿，组成一个四合院式的建筑。

南禅寺大殿为中国现存最古老的一座唐朝木结构建筑，建于唐建中三年（782），比佛光寺还早75年，距今1200多年。原貌瑰丽，充满大唐风韵，堪称国宝。

南禅寺规模不大，三间一小殿。现在形象是20世纪70年代进行过复原，但是主要结构，特别是室内的木结构是唐朝的。从南禅寺可以看出，唐朝这类建筑虽然简单、小巧，但整体建筑结构逻辑非常清晰，全盘处理简洁明了，这个结构比清朝要简洁得多，结构也很稳定，使用了三角形屋架，其构架是一个厅堂的构架。最重要的是因为它是在唐末会昌灭法之前建的，在会昌灭法当中幸存了下来。

南禅寺大殿，全殿由基台、屋架、屋顶三部分组成，方整的基台几乎占了整个院落的一半。大殿面阔、进深各3间，通面阔11.62米，进深9.9米，平面近方形，单檐歇山灰色筒板瓦顶。全殿共有檐柱12根，柱上安有雄健的斗拱承托屋檐。一眼看去，许多曲折形斗拱层层叠叠，层层伸出，使得梁、柱、枋的结合更加紧凑，增加了建筑物的稳固力，又使得出檐深远高大，让整个大殿形成有收有放、有抑有扬、轮廓秀丽、气势磅礴的风格，给人以庄重而健美的感觉。殿内没有天花板，也没有立柱，梁架结构制作极为简练，举折平缓。南禅寺大殿的屋顶是中国古代建筑中最平缓的屋顶，屋顶重量主要是通过梁架由檐墙上的柱子支撑。墙身不负载重量，只起间隔内外和防御风雨

南禅寺

侵袭的作用。

南禅寺大殿内有 17 尊唐朝雕塑佛像，手法精湛、姿态自然、表情逼真，同敦煌莫高窟唐朝塑像如出一辙，堪称唐朝雕塑艺术的珍品，具有重要的历史地位和艺术价值。

纵观南禅寺大殿，舒缓的屋顶，雄大疏朗的斗拱，结构简练明朗，表现出一种雍容大度、形体稳健、庄重大方的格调，体现了我国大唐时期大型木结构建筑的显著特色；同时，还可以从南禅寺的大殿看到中唐时期木结构梁架已经有用"材"（栱高）作为木构用料标准的现象，说明我国唐朝建筑技术已达到很高的水平。

南禅寺，一座山中村落中并不起眼的小佛寺，使用厅堂型构架，造低一个等级的歇山屋顶，显示出中国古代建筑的等级观念和约束。晚唐时期的武宗"会昌灭佛"，使得大多数佛寺都遭到毁坏，而南禅寺由于地处偏僻而幸免于难，这也从另外一个角度说明，由于当时建筑手艺和技术的普及、成熟，连穷乡僻壤的地方也能建造如此高水平的殿宇。

1961 年，南禅寺被定为全国重点文物保护单位。

中日建筑文化交流的印记——唐招提寺

1200 多年前，中国唐朝高僧鉴真（688—763），为了东渡日本传播、推广佛法，曾经遭受多少难以想象的艰险和挫折，但他和他的弟子们以坚忍不拔的精神，历经 12 年艰辛，6 次东渡日本，终于克服一切困难，冲破重重障碍，在 754 年成功登陆日本。鉴真为日本带去了盛唐的璀璨文化，开启了中国与日本友好交往的历史。

鉴真和他的弟子们对日本在汉文学、医药、雕塑、绘画、建筑等许多方面都做出了杰出的贡献。千百年来，鉴真大师在日本家喻户晓，被日本人民奉为律宗开山祖、天台宗先驱、医药始祖、文化之父。

鉴真在 759 年开始主持建造唐招提寺，大约在 770 年竣工。唐招提寺具有鲜明的中国盛唐时期的建筑风格。它不仅是日本建筑遗产中的重要文物，是研究唐朝中国建筑的重要参考范例，也是中日建筑文

唐招提寺干漆夹纻鉴真像

化交流的印记，更是中日人民千百年来传统友谊的纪念堂。

鉴真在弟子们的协助下，在日本奈良设计和建造了一所仿中国唐朝建筑特点的新寺院，而且其各个堂室自始至终是由鉴真弟子们分头督造而成的。唐招提寺的建筑、雕塑，直接传播了中国盛唐时期的建筑（完全是仿唐式木结构的殿堂，处处讲究对称）和雕塑艺术的精华，也是日本天平时代（710—789）建筑、遗像艺术的明珠。

唐招提寺是原汁原味地保持了唐朝风格建筑的精髓，日本在近千年以来建筑风格变化不大，尽管很多建筑是后来修建的，但总体上继承了唐朝的建筑风格。

唐招提寺大门上写着红色横额"唐招提寺"四个大字，是日本孝谦女天皇（717—770，日本第46代天皇）模仿王羲之、王献之的字体所书写的。"招提"指在佛身边修行的道场，"唐招提寺"等于是专为唐朝来的鉴真和尚修行而建的道场。可见日本人十分理解这个寺院与唐朝密不可分的渊源。寺内松林苍翠，庭院幽静，殿宇重重，有金堂、讲堂、御影堂、戒坛、鼓楼和礼堂等主要建筑。

金堂是寺院主殿，为鉴真弟子如宝主持修建，是现存天平时代最大、最美的建筑。金堂南向，坐落在1米高的石台基上，正面7间，进深4间。金堂用材粗大，高大的斗拱使得屋檐看上去非常深远，唐朝的斗拱建造技术已臻成熟至极盛，其风格奔放，但又不失典雅，再加上唐式建筑斗拱与柱比例甚大，更使它的结构之美显现得淋漓尽致。

金堂屋脊两端装饰有简单而粗犷的鸱吻。屋顶比较缓和的坡度，正是唐朝建筑的主要特征之一。屋顶不用琉璃瓦而用青黑色瓦。唐朝木结构建筑的颜色一般为红白两色或黑白两色，唐招提寺就是黑瓦白墙。

金堂无论外观或内景，都可以看到门窗朴实无华，梁、柱、枋的紧凑结合，出檐深而不低暗，柱子、斗拱保留原木色，不施彩绘，与明清繁复的彩绘装饰、雕梁画栋形成天壤之别。

金堂的这些设计和做法，使得金堂呈现了唐朝建筑的收放自如、抑扬顿挫、外廓清丽、气魄宏伟、严整又开朗、色调简洁明快的风格，给人以庄重而大方的印象。

金堂在后来经过了改修，为了适应日本多雨潮湿的环境，综合了一些日本建筑的处理方法，把屋顶抬高了2米多，屋顶也比当初的屋顶陡峭了一些。尽管如此，金堂既有中国唐朝建筑特色的那种外观气势恢宏，结构强劲有力，也有日本本地文化，在世界建筑物上都有着极高的价值。

据日本方面考证，金堂修建时间不是过去教科书上讲的780年以前，而是通过年轮测定日期为781年，比如通过X线发现卢舍那大佛的手心里有珠子，就猜测鉴真去世后，他的弟子为了将鉴真的精神和灵魂与大佛融为一体，便把鉴真的数珠放进去。还比如金堂拆下来的木材里有些明显是其他建筑物上的材料再利用，可见当时修建金堂的难处。

金堂后面是讲堂，正面9间，单檐歇山顶，原是建于8世纪初的平城宫中的朝堂，在建寺时由皇家施舍，后迁入寺内，为平城宫留下的唯一建筑物。讲堂内有一尊涂漆加色的弥勒如来佛像，佛像两侧有两个外形似轿的小亭，是当年鉴真师徒讲经之地。讲堂庭院里的藏经室，收藏有1200多年前鉴真从中国带去的佛教经卷。

开山堂在寺后，又名御影堂，建于1688年。堂内供奉高80.5厘米鉴真干漆夹纻造像，为等身像，是鉴真和尚的弟子思托、忍基等人在鉴真763年临终前按其真容塑成的，被列为日本国宝。

无论在中国或者在日本，1000多年前的木结构建筑保留到现在都是极为稀罕的。唐招提寺金堂作为当时中日两国古代建筑文化交流的重要印记而存在，是多么难能可贵。唐招提寺，极具盛唐的优雅与宏大，著名建筑学家梁思成先生说："对中国唐朝建筑的研究来说，没有比唐招提寺金堂更好的借鉴了。"

鉴真回乡"探亲"

鉴真自 753 年 12 月 20 日到达日本后，再也没回过祖国。

1980 年 4 月 14 日，在中日两国人民的共同努力下，鉴真大师终于在 1200 多年后得以回国"探亲"。

从上海起程的载着鉴真像的专车，车厢上写有"中日人民世世代代友好"分外醒目。到达扬州，一路上都受到热烈欢迎。

鉴真大师东渡日本，把大唐先进的文化带给日本人民，可以说是中国最大规模的一次对日文化输出，为中日文化交流做出了不可估量的贡献。他的塑像"回乡探亲"，受到了如同鉴真大师亲自回来般的接待。护送鉴真大师像回乡的奈良唐招提寺长老森本孝顺，感谢扬州人民的深情厚谊，他激动地说："昨天鉴真和尚回国，一场春雨为他洗尘，今天来到故乡又遇上晴天，这是让他好好看看 1200 多年后的故乡！"专程去上海奉迎鉴真像回国的全国欢迎鉴真大师像委员会主任赵朴初风趣地说：这是"天从人愿"！廖承志专为鉴真大师像回国巡展作文《欢迎鉴真和尚的真容回国》。

森本长老已担任住持 34 年，是以鉴真大师为开山祖的唐招提寺第 81 代长老。30 多年来他为修复战后一度荒芜的唐招提寺终日辛劳。在寺内的供华园里，种满了中国的古莲、琼花、芍药、牡丹、紫竹等，他总是以中国的花果供奉鉴真。森本长老告诉记者，是邓小平副总理促成了这件事，并让我陪鉴真和尚回国探亲。长老决定赠送樱花树苗和石灯笼。石灯笼是用材质最好的庵治石，也是按受中国文化影响最深的 8 世纪天平时代的灯笼样式制作的。森本长老表示："石灯笼是日中友好的象征，我祝愿灯笼的灯火永不熄灭。"

中印建筑文化交流的结晶——大雁塔

唐朝的砖石建筑得到了进一步发展，佛塔大多采用砖石建造。代表性的有西安大雁塔、小雁塔和大理千寻塔。中国现存唐塔，均为砖石塔。

大雁塔，位于今陕西省西安市南的大慈恩寺内，又名"慈恩寺塔"。是玄奘为保存从印度带回的佛教经卷而特别建造的。

玄奘（602—664），三藏法师，俗称"唐僧"，唐朝著名高僧，在 627 年沿丝绸之路西行至印度半岛取经求法，历时 18 年，行程遍及五天竺（古代印度的区域分为东天竺、南天竺、西天竺、北天竺、中天竺五大部分）。645 年，玄奘从印度取经归来后，带回大量佛舍利、上百部佛教经文以及 8 尊金银佛像。652 年，为了存放带回的 600 多部佛经、金银佛像、舍利等宝物，经朝廷批准，玄奘亲自主持建造了大雁塔。然而遗憾的是，玄奘历经千辛万苦从印度带回的那些珍宝究竟珍藏在哪里，是否在大雁塔的地宫，或者是塔的其他什么地方，至今却仍未被发现，成为一个千古之谜。

玄奘像

大雁塔，还真与雁有密切关联。玄奘所著的《大唐西域记》卷九记载，相传摩伽陀国（今印度比哈尔邦南部）的一个寺院内的和尚信奉小乘佛教（小乘是指度少数众生，大乘是指能度无量众生。大乘与小乘的区别是觉悟境界高低的差别），吃三净食（即雁、鹿、犊肉）。一天，空中飞来一群雁，有位和尚见到群雁，随口说道："今天大家都没有东西吃了，菩萨应该知道我们肚子饿呀！"话音未落，一只雁坠死在这位和尚面前，他惊喜交加，遍告寺内众僧，都认为这是如来在教化他们。于是就在雁落之处，以隆重的仪式葬雁建塔，并取名雁塔。

玄奘在印度游学时，曾经看到过这座雁塔。回国后，在慈恩寺翻译佛经期间，为存放从印度带回的经书佛像，就在慈恩寺西院，建造了一座模仿印度雁塔外观形状的砖塔，给这座塔起名叫雁塔，名称一直延续到今天。

大雁塔是砖仿木结构的四方形楼阁式砖塔，由塔基、塔身、塔刹组成。初建时为5层，后加盖至9层，唐末五代初（930）改修成7层，也就是现在的塔形。全塔现在塔身为7层，塔体呈方形锥体，通高为64.517米，塔基高4.2米，南北长约48.7米，东西长约45.7米；塔体呈方锥形，平面呈正方形，塔身底层边长为25.5米，塔刹高4.87米。

大雁塔塔体各层均以青砖模仿唐朝建筑砌檐柱、斗拱、阑额、檐枋、檐椽、飞椽等仿木结构，磨砖对缝砌成，结构严整，坚固异常。

塔身各层壁面都用砖砌扁柱和阑额，柱的上部施有大斗，在每层四面的正中各开辟一个拱券门洞，可以凭栏远眺。塔内的平面也呈方形，由下而上按比例递减各层均有楼板，设置木梯，可攀登而上至塔顶。一、二两层有9间，三、四两层有7间，五、六、七三层有5间，塔上陈列有佛舍利子、佛足石刻、唐僧取经足迹石刻等。

大雁塔作为现存最早、规模最大的唐朝四方楼阁式砖塔，是塔这种印度佛教的建筑样式随同佛教传入中国，并融入华夏文化的典型物证，也是中印建筑文化交流的结晶。

大雁塔最初模仿西域窣堵坡形制（窣堵波是古代佛教特有的建筑类型之一，主要用于供奉和安置佛祖及圣僧的遗骨、经文和法物，外形是一座圆冢的样子，也可以称作佛塔。前3世纪时流行于印度孔雀王朝，是当时重要的建筑），砖面土心，不可攀登，每层皆存舍利（遗骨）。而后经历代改建、修缮，逐渐由原西域窣堵坡形制逐渐演变成具有中原建筑特点的砖仿木结构，成为可登临的楼阁式塔。这生动地体现了印度佛教建筑艺术传入中国并逐渐中国化的过程。

五代后唐长兴二年（931），对大雁塔再次修葺。后来西安地区发生了几次大地震，大雁塔的塔顶震落，塔身震裂。明朝万历二十三年（1604），在维持了唐朝塔体的基本造型上，在其外表完整地砌上了60厘米厚的包层，使其造型比以前更宽大，即是如今所见的大雁塔造型。

整个建筑气魄宏大，造型简洁稳重，比例协调适度，格调庄严古朴，是保存比较完好的楼阁式

大雁塔

塔，是中国唐朝佛教建筑艺术杰作。

1961年3月4日，国务院公布大雁塔为第一批全国重点文物保护单位。2014年6月22日，在卡塔尔多哈召开的联合国教科文组织第38届世界遗产委员会会议上，大雁塔作为中国、哈萨克斯坦和吉尔吉斯斯坦三国联合申遗的"丝绸之路：长安－天山廊道的路网"中的一处遗址点成功列入《世界遗产名录》。

世界屋脊上的城堡

一个惊艳的名称，世界屋脊上的城堡，海拔高达3 700米，就是布达拉宫。

布达拉宫，坐落于中国西藏自治区的首府拉萨市区西北玛布日山上，是世界上海拔最高，集宫殿、城堡和寺院于一体的宏伟建筑，也是西藏最庞大、最完整的古代宫堡建筑群。

631年，吐蕃松赞干布迁都拉萨后，为迎娶唐朝的文成公主（文成公主是唐朝宗室女，奉唐太宗之命，与吐蕃松赞干布联姻），特别在红山之上修建3座9层楼宇，宫殿有999间，加上1间修行室，取名布达拉宫，距今已有将近1400年的历史。据史料记载，红山内外围城三重，松赞干布和文成公主宫殿之间由一道银铜合制的桥相连。布达拉宫东门外有松赞干布的跑马场。

布达拉宫

当由松赞干布建立的吐蕃王朝毁灭之时，布达拉宫的大部分毁于战火。清顺治二年（1645）清朝重建布达拉宫之后，成为历代达

松赞干布与文成公主雕像

赖喇嘛冬宫居所，以及重大宗教和政治仪式举办地，也是供奉历世达赖喇嘛灵塔之地，旧时与驻藏大臣衙门共为统治中心。

现存布达拉宫的建筑设计、布局、材料、工艺、装饰等，均保存了自 7 世纪始建以来，历次重大增建、扩建和重建的历史原状，具有很高的真实性。

布达拉宫依山垒砌，群楼重叠，殿宇嵯峨，气势雄伟，是藏式古代建筑的杰出代表，中华民族古代建筑的精华之作，是第五套人民币 50 元纸币背面的风景图案。

布达拉宫占地总面积 36 万平方米。主体建筑分为白宫和红宫两部分，建筑总面积 13 万平方米，主楼高 117 米，共 13 层，其中宫殿、灵塔殿、佛殿、经堂、僧舍、庭院等一应俱全。

布达拉宫整体为石木结构，宫殿外墙厚达 2 ~ 5 米，基础直接埋入岩层。墙身全部用花岗岩砌筑，高达数十米，每隔一段距离，中间灌注铁液，进行加固，提高了墙体抗震能力，坚固稳定。

布达拉宫的设计和建造，根据高原地区阳光照射的规律，墙基宽而坚固，墙基下面有四通八达的地道和通风口。屋内有柱、斗拱、雀替、梁、椽木等，组成撑架。铺地和盖屋顶用的是叫"阿尔嘎"的硬土，各大厅和寝室的顶部都有天窗，便于采光，调节空气。宫内的柱梁上有各种雕刻，墙壁上的彩色壁画面积有 2 500 多平方米。

屋顶和窗檐用木质结构，飞檐外挑，屋角翘起，铜瓦鎏金，用鎏金经幢、宝瓶、摩羯鱼和金翅鸟做脊饰。闪亮的屋顶采用歇山式和攒尖式，具有汉朝建筑风格。屋檐下的墙面装饰有鎏金铜饰，形象都是佛教法器式八宝，有浓重的藏传佛教色彩。柱身和梁枋上布满了鲜艳的彩画和华丽的雕饰。内部廊道交错，殿堂杂陈，空间曲折莫测。

布达拉宫十分巧妙地利用了山形地势，就地取材，形成土、石、木的碉楼结构。充分运用建筑的体量、形制、质感、尺度、比例、结构和色彩等手段，塑造出独特的建筑艺术形象。整座宫殿群楼建筑层层而上，逐次升高，显得非常雄伟壮观。坚实敦厚的花岗石墙体，庄严肃穆的白玛草墙，金碧辉煌的金顶，具有强烈装饰效果的巨大鎏金宝瓶、幢和红幡，交相辉映，红、白、黄三种色彩的鲜明对比，分部合筑、层层套接的建筑型体，都体现了藏族古代建筑迷人的特色。全体布局严谨、错落有致、协调完整，在建筑艺术的美学成就上达到了无与伦比的高度，创造了一项世界土木建筑工程史上令人惊叹的天才杰作。

布达拉宫，建在世界屋脊上的城堡，号称"世界屋脊上的明珠"，不但在整体建筑艺术上有着创造性的突破，而且在建筑装饰艺术上也达到了令人瞩目的成就。它的各部分装饰设计、装饰风格、装饰（雕刻、壁画、彩画等）艺术都体现了以藏族为主，汉、蒙古、满各族能工巧匠高超的技艺和艺术水准，是中华民族古代建筑的精华之作。布达拉宫的建筑艺术，是数以千计的藏传佛教寺庙与宫殿相结合的建筑类型中最杰出的代表，在中国乃至世界上都是绝无仅有的例证。

1961 年 3 月，布达拉宫被国务院列为首批全国重点文物保护单位；1994 年 12 月，联合国教科文组织将其列为世界文化遗产。

5 中国建筑的缤纷多彩
——宋辽金元建筑

宋、辽、金、元的建筑，则上续盛唐之余脉，下启不同之风格。其中尤以两宋（960—1276）建筑最为杰出，建筑风格一变大唐帝国雄健深沉的气势，趋于精巧华丽，纤缛繁复、色彩"绚丽如织绣"，屋顶形式丰富多样，装修细巧，门、窗、勾栏等棂格花样繁多，注重建筑装饰色彩。在建筑组合方面加强了进深方向的空间层次，以衬托主体建筑。山西省太原市晋祠内的正殿及鱼沼飞梁即是典型的宋朝建筑。北宋首都东京（今河南省开封市）地处南北两种建筑风格之间，同时受北方唐朝的壮硕与南方五代纤巧秀丽风格的影响，形成了宋朝商业都市建筑的风格。

这一历史时期的建筑成就表现在建筑类型更为完善，规模极其恢宏，在建筑设计和施工中广泛使用图样和模型，建筑师从知识分子和工匠中分化出来成为专门职业，建筑技术上又有新发展并趋于

辽朝独乐寺山门

辽朝观音阁

成熟——组合梁柱的运用，材分模数制的确立，铺作层的形成。此外，这一期还留下了为数众多的伟大建筑。

辽金时期，建筑风格异域色彩浓厚。辽朝（907—1125）是由北方契丹族统治的朝代，与北宋对峙。辽的统治者积极汲取汉族文化，辽朝建筑较多继承了唐朝建筑的特点。辽朝遗留至今的两处最著名的古代建筑，一处是天津蓟县独乐寺的山门和观音阁（984），另一处是山西应县木塔（1056）。前者是现存最大的木构楼阁的精品，后者是现存年代最早而且是独一无二的楼阁式木塔。由辽朝这两座木结构建筑的技术与艺术所达到的水平，可以反过来推断唐及北宋中原地带木结构建筑达到了何等高超的水平。

山西应县木塔

山西五台山文殊殿

金朝（1115—1234）在建筑上则继承辽宋两朝的特点而有所发展。金破宋都汴梁时，拆迁若干宫殿苑囿中的建筑及太湖石等至中都，并带去图书、文物及工匠等。在中都兴建的宫殿被称为"工巧无遗力，所谓穷奢极侈者"。宫殿用彩色琉璃瓦屋面，红色墙垣，白色汉白玉华表、石阶、栏杆，色彩浓郁亮丽，开中国建筑用色强烈之始。金朝的地方建筑中用减柱造、移柱造之风盛行，被认为"制度不经"。如五台山佛光寺文殊殿，内柱仅留两根，是减柱造极端之例。北京

妙应寺白塔

居庸关长城及云台

西郊的卢沟桥，长 265 米，是金朝所建的一座联拱石桥。桥栏望柱头上的石狮子极多，以数不清到底有多少而著称。

元朝（1279—1368）是由蒙古族统治的朝代，是中国由少数民族建立的列入正统的第一个统一的大帝国。元朝的建筑特点：继承唐宋的宫殿传统，保持了游牧生活习俗及喇嘛教建筑、西亚建筑的风格。元朝在建筑上最重大的成就是完全新建了一座都城——大都。

元朝的木结构建筑趋于简化，用料及加工都较粗放。主要的表现是斗拱缩小，柱与梁直接联络，多做彻上明造，减柱仍在采用。通常以山西洪洞县广胜寺下寺正殿作为元朝建筑的代表作。山西芮城的道观永乐宫是元初的建筑，以内中的壁画著称。元朝引进了若干新的建筑类型，如大都中的大圣寿万安寺（妙应寺）白塔，是一座覆钵式塔（喇嘛塔），是尼泊尔匠人阿尼哥所授。在河南省登封市有一座由郭守敬建造的观星台，是中国最早的一座天文台，还引西郊的水入城与运河相连接解决了大都的漕运。居庸关云台原是一座过街塔的塔座，是元朝建筑杰作。

北宋东京城宫殿

中国北宋的都城东京，就是今天的河南开封。

在北宋有东、西二京，东京汴梁和西京洛阳。河南开封，简称汴，古称"汴州""东京""大梁"，是中国多个重要王朝的首都。战国时期，魏国建都于此，称"大梁"。五代十国时期，开封地理条件非常适宜农业经济发展，作为一统天下的基础，先后成为后梁、后晋、后汉及后周的国都。北周大将赵匡胤发动陈桥兵变代后周称帝，建立宋朝（北宋），仍以开封为首都，称为"东京"。

北宋时期，东京城市结构突破了唐朝长安"坊市"城市格局的束缚，再次走向空前繁荣，发展成为当时世界上人口最多、最繁华的大城市。它在城市的布局、经营的方式、都市生活的面貌等方面都与前朝有很大变化。居民20多万户，人口超百万，既是当时伦敦的四五倍，又超过了唐朝长安的人口。城中店铺达6 400多家。东京中心街道称作御街，路两边是御廊。北宋政府改变了周、秦、汉、唐时期居民不得向大街开门、不得在指定的市坊以外从事买卖活动的旧规矩，允许市民在御廊开店设铺和沿街做买卖。为活跃经济文化生活，还放宽了宵禁，城门关得很晚，开得很早。

宋初的建筑风格是延续了晚唐及五代时期的特点，但到了1000年（宋真宗）前后，在运河疏浚后与江南通航，工商业大大发展，宋都东

北宋东京城复原图

京的公私建造都极旺盛，建筑匠人的创造力充分发挥，建筑工艺开始倾向细致柔美，对于建筑物每个部位的造型更敏感、更重视。各种阁、楼都极其妖娆多姿。作为北宋首都和文化中心的东京，介于南北两种不同的建筑风格之间，同时受南方的秀丽和北方的宏伟风格影响。

东京继长安洛阳后成为北宋首都。东京城池宫阙均在旧城衙署基础上改建，有外城、内城、宫城三重，城内遍布商业店铺，人烟稠密，宫廷正门两旁建阙楼，御街直贯内外城南门。两旁开渠种莲，栽植花树，长廊排列，华厦壮观，城北还建有艮岳，西城外则有琼林苑、金明池等皇家园林。

北宋都城东京，堪称伟大。全城都是用青石条垒成的，城墙、箭垛、衙门、民居、街道等，接缝的泥都是从四川运过来的上等红泥，这种泥黏度高，一方泥里加上两泡童子尿简直就比得上现在的水泥，只是不太能抗水。1000多年后考古学家们发现这些遗址后叹为观止，他们认为我国在宋朝时候就具备了如此高超的修筑工艺是件了不得的事。

北宋定都以后，对五代时期的宫殿进行了较大规模的扩建，调整了宫殿建筑群组的主轴线。这条轴线一直延伸，经东京的州桥、内城南门朱雀门，而外城南门南薰门，使宫殿在东京城中成为最壮丽的建筑群。

北宋东京汴梁禁宫皇城，文献记载"或周回5里，或周回9里13步"，目前学界对其范围存在争议。北宋宫殿建筑既继承了隋唐宫殿局部风格，同时规模又相对变小，但其宫殿细节精致化，布局严谨宏伟而多了份魅力！

东京宫殿外朝部分主要有大庆殿，是举行大朝会的场所，大庆殿群组是一组带廊庑的建筑群，正殿面阔9间，两侧有东西挟殿各5间，殿后有阁，东西廊各60间，殿庭广阔，可容数万人。前有大庆门及左右日精门，殿址现已发掘，其台基成凸字形，东西宽约80米，南北最大进深60多米。

西侧文德殿，是皇帝主要政务活动场所，北侧紫辰殿是节日举行大型活动的场所，西侧垂拱殿为接见外臣和设宴的场所，集英殿及霁云殿、升平楼是及弟进士及观戏、举行宴会的场所。

外朝以北，垂拱殿之后为内廷，是皇帝和后妃们的居住区，有福宁、坤宁等殿。皇室藏书的龙图、天章、宝文等阁以及皇帝讲筵、阅事之处也在内廷。宫殿北部为后苑。后期又在东南部建明堂。

从总体布局看，北宋宫殿重要建筑群组，并没有按照一条中轴线安排，其原因是因旧宫改造所致。整个宫殿建筑群中，只有举行大朝的大庆殿一组建筑的中轴线穿过宫城大门。而外朝的文德、垂拱等殿宇，只好安排在大庆殿的西侧，中央官署也随之放在文德殿前，出现了两条轴线并列的局面。标志着宫殿壮丽景象的宫城大门宣德门，从宋徽宗绘的《瑞鹤图》和辽宁省博物馆藏的北宋铁钟上所铸图案可知一二。宣德门为"门"形的城阙，中央是城门楼，门墩上开5门，上部为带平座的7开间四阿顶建筑，门楼两侧有斜廊通往两侧朵楼，朵楼又向前伸出行廊，直抵前部的阙楼。宣德楼采用绿琉璃瓦，朱漆金钉大门，门间墙壁有龙凤飞云石雕。

北宋东京的改建、扩建规划是很杰出的，主要力量没有放在宫室的修建上，也未受旧规划的束缚，而是着重解决城市发展中存在的实际问题，如改善交通系统、扩大城市用地、疏通交通河道、注重防火和城市卫生及绿化等，适应了生产及生活发展提出的新要求，与以往的都城规划有很大的不同。

北宋东京的平面布局为三套城墙，平面形状为不十分方正的矩形，中心为皇城，

宣德门

101

第二重为里城，最外层为外城。里城及外城均有宽阔的城壕。

宋东京（今开封市）历史上就是一个商业都会，是在原址上扩建发展的，因此与一些完全由于军事及政治要求而新建的都城不同。城市平面不十分方正规则，道路系统也有一定的自发倾向，且不划分坊里。它反映了封建社会中城市经济的进一步发展与市民阶层的抬头。其规划布局也对以后的都城规划影响很大，如金中都、元大都和明清北京等。

1127年金人占领东京，北宋宫殿沦为废墟。

国宝建筑圣母殿

被称为国宝建筑的，就是山西太原晋祠的圣母殿。

圣母殿是晋祠内主要建筑，坐西向东，位于中轴线终端，是为奉祀邑姜所建。邑姜，姜子牙的女儿，周朝开国帝王周武王的妻子，周成王的母亲。传闻邑姜为周武王创立周王朝做出了很大的贡献，后来周武王登上皇位之后，就册立邑姜为王后。这位王后并没有因此而骄纵，相反她很努力地帮助周武王，成为中国历史上一位难得的贤后，有着卓越的政治才华。

圣母殿创建于北宋天圣年间（1023—1032），崇宁元年（1102）重修，是我国宋朝建筑的代表作。

圣母殿正面朝东，总高19米，面宽7间，通面宽26.71米，进深6间（实际是殿身面宽5间，进深4间），总进深21.15米。自前至后

晋祠圣母殿

第一、六两间各 3.1 米，第二、五两间各 3.74 米，第三、四两间各 3.74 米。殿平面接近方形，四周围廊。最为奇特之处是前廊进深 2 间，廊下异常宽阔，是中国现存宋朝环廊建筑中的唯一实例，即《营造法式》所载"副阶周匝"的做法。值得注意的是，圣母殿作为一座 7 开间的大殿，根据后来《营造法式》的规定，应该用二等材或三等材，但圣母殿其斗拱用材却仅相当于五等材，明显用材偏小。

圣母殿是中国最早运用"侧脚"做法的古代建筑之一。圣母殿四周设廊柱和檐柱，用以负载梁架重量，四周柱子均向内倾斜，四根角柱显著提升，扩大了屋檐曲线的弧度，下翘的殿角与飞梁下折的两翼相互映衬，一起一伏，一张一弛，更显示出飞梁的巧妙和大殿的开阔。这打破了过去建筑轮廓僵直的格调，增强了建筑造型的艺术美，使建筑物愈加稳固坚实。北宋以前，都仅有柱子升起的做法，而没有出现侧脚（所谓"侧脚"是指大殿檐柱的柱子均向内倾，形成侧角）。

圣母殿是重檐九脊殿顶，殿顶四周覆盖黄绿色琉璃剪边，脊饰各种走兽为明朝修葺时添配，都很精美。整个殿宇显得格外典雅端庄，相关风格明晰地表现了北宋时期建筑物屋顶以琉璃瓦剪边的特征。不愧为国宝级建筑精华。

圣母殿殿身拱眼饰有壁画，现存上檐南山面 5 块原有的拱眼壁画图案满绘旋纹、卷草、吉祥花卉，是十分珍贵的宋朝高等级彩画遗物。

圣母殿柱上斗拱出挑，各种形制繁复多变，使建筑物愈益平添了细腻、俏丽的色彩。但是其斗拱与柱高的比例，比较唐朝佛光寺大殿情况来看是减小了。上篇已说过唐朝佛光寺大殿的斗拱是比较粗大的。

北宋、辽时期，建筑阑额与柱顶上四周

圣母殿彩绘塑像

103

交圈开始出现一种新的木构件，叫普拍枋，犹如一道腰箍梁介于柱子与斗拱之间，既起拉结木构架作用，又可与阑额共同承载补间铺作。圣母殿中可以看到这一新的木构件，在明清时期称为平板枋。

圣母殿大木结构另一特色之处，就是不同于金、元的"减柱造法"。圣母殿一圈廊柱和檐柱承托着屋顶，殿内外共减 16 根柱子，使得大殿内没有一根明柱，殿前廊和殿内十分的宽敞，在古代建筑中称为"减柱造法"，像这样的殿周围廊，是我国古代建筑中最早的实例。金元时期的减柱造法，一般在殿内空间减柱，与宋朝很不相同。

圣母殿正面 8 根廊柱上分别雕刻有 8 条木制蟠龙缠绕，即《营造法式》所载的缠龙柱。其中，6 条雕制于北宋元祐二年（1087），2 条增雕于北宋崇宁元年（1102）。这 8 条木制雕龙中，正中两廊柱上的两条展翅欲飞的叫作应龙，其旁依次两柱上的为蟠龙，再依次两柱上无鳞龙为蛟龙，最边上两柱上无角的谓之螭龙。8 条蟠龙各抱定一根大柱，透迤自如，盘曲有利，周身风卷云起，栩栩如生。虽然距今近千年岁月，仍鳞片层层，须髯根根，灵动飞逸，具有 3D 效果，制作工艺之精令人叹服。

蟠龙柱

蟠龙柱形制曾见于隋、唐之石雕塔门和神龛之上，但在木构建筑上饰木雕蟠龙柱者，是唐、宋古建筑中仅存的孤例。

圣母殿殿内彩塑共有 43 尊，其中除 2 尊明塑外，其余 41 尊均为宋塑。这些彩塑是不可多得的中国宋朝雕塑精品。殿前的鱼沼飞梁（方形鱼池上架桥），也是中国现存北宋古建筑的仅存实例。

圣母殿，可以说是中国古代建筑承上启下的建筑，主要是因为其大木作架构，一部分继承了前朝的建筑特征，另一部分则开创了许多后世做法的先河。无论是屋顶的瓦作、斗拱，还是梁柱的彩画等方面，都更加注重装饰性。

圣母殿的建筑形制、规格和构造方法，是中国宋朝建筑的典型范例，保存了宋朝"柱升起""柱侧脚"和"减柱法"三大建筑手法。

从科学上来说，中国古典建筑是一部凝固的史书。山西太原晋祠圣母殿建筑是中国保存最完好的北宋木结构建筑。正是宋朝在建筑构件、建筑形制、建筑手法上的这些变化，在中国建筑史上起到了承前启后的作用，深刻影响了中国建筑的整体美学感受，正如著名建筑学家梁思成在《图像中国建筑史》中指出的那样，中国古代建筑从唐、辽的豪劲时期，走到了北宋始创的醇和时期。至此，大唐的雄健大气褪去，呈现出大宋的优美典雅，却也在某种程度上，提前预告了明清时期的建筑风格的演变。

1961 年 3 月，晋祠圣母殿被国务院公布为第一批全国重点文物保护单位。

中国古代建筑学的最重要典籍——《营造法式》

中国古代建筑的设计、布局、技艺等，基本上都是凭借师徒口传心授，很少有写成书，所以能够流传后世的古代建筑的专著可以说是凤毛麟角，北宋的《营造法式》是其中最重要的一本。

说起《营造法式》，不得不提我国北宋杰出的政治家、思想家、文

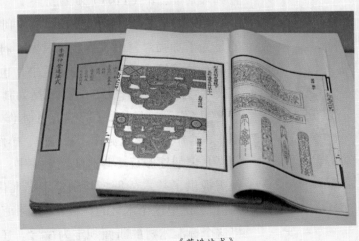

《营造法式》

学家王安石。正是由他最开始编著《营造法式》一书。北宋庆历七年（1047），27岁的王安石来到鄞县（今宁波市鄞州区）做知县，虽说仅仅做了近4年县长，但他勤政爱民，革故鼎新，修水利、放青苗（允许农民可在每年夏秋两收前，到当地官府借贷现钱）、严保伍（严格推行基层户籍编制）、兴学校等一系列施政举措取得了很大成功，受到百姓爱戴。从某种意义上说，鄞县成了王安石变法的一个试验区，并且成效显著，为日后革新变法积累了宝贵的经验。

北宋建国以后100多年里，大兴土木，宫殿、衙署、庙宇、园囿的建造此起彼伏，消耗巨大，致使国库无法应付如此浩大的开支。因而，建筑的各种设计标准、规范和有关材料、施工定额、指标等，急待官方制定，以明确房屋建筑的等级制度、建筑的艺术形式及严格的料例、功限。

北宋熙宁元年（1068）4月，王安石入京，主持变法立制，富国强兵。王安石的多项改革，涉及了当时北宋进行的大规模建筑业的管理，并开始着手编制我国最早的建筑学规范性书籍《营造法式》。《营造法式》中许多有关建筑方面的规章条例，都来自于王安石在宁波鄞县积累的工作经历。可是当时由于编书的官员不得力，书籍编写并不顺利。后来宋哲宗上台，命令将作少监（将作监，古代官署名，掌管宫室建筑。少监，为其副职，从四品下官职）李诫进行重编，直到宋崇宁二年（1103）才编成。

北宋崇宁二年，朝廷正式颁布并刊行了《营造法式》。颁行的目的是为了加强对宫殿、寺庙、官署、府第等官式建筑的管理。这是一部有关建筑设计和施工的规范书，也是我国古代最完整的一部建筑技术官方典籍。全书34卷，概括为制度、功限、料例、图样四大部，按壕寨、石作、大木作（房架）、小木作（门窗装修等）、雕作、旋作、锯作、竹作、瓦作、泥作、彩画作、砖作、窑作13个工种分别记述。

北宋朝廷颁行《营造法式》一书，为建筑工程编制预算和施工组织提供了基本依据，并制定了标准化设计，"凡构屋之制，以材为祖"。这里这个木材的"材"字，指的就是标准木材。《营造法式》将这个标准木材的断面规定为3∶2。还让它具有了很高的、科学的受力性能。并且把这个标准木材分成8个等级，用来建造规模大小不等的建筑。

《营造法式》还规定了一座木结构建筑的里外上下各种重要的设计尺寸，都是以标准木材为基本的模数。模数化的设计是中国古代建筑极为重要的一点。什么是模数呢？就是选定的标准尺度单位，作为建筑物、建筑构配件、建筑制品以及有关设备尺寸相互间协调的基础。因此，标准木材就是中国古代木结构建筑的模数。比如，中国古代建筑里有斗拱，这个像漏斗一样的形状的木结构构件，叫斗；所有这些长条形的像弓一样的木构件就叫拱。关键在于所有的拱的横断面，其实都是一个标准材，不论它位置在什么地方、名字叫什么。所有用来连接斗拱的这些枋（方柱形木材），它们的横截面依然是标准材。标准材占据了一个木结构建筑的大部分材料，这些标准材可以在一个作坊里大量地生产，然后搬运到工地现场进行加工和组装，好像今天的预制板工厂一样，大大加快了中国古代建筑建造的速度。

《营造法式》中应用在木结构建筑上的这种标准化、模数化、装配式斗拱的木构架等，堪称中国古代建筑的精华所在，不仅使建筑更省时省力、方便快捷，而且具有非常前卫先进的思维模式。这种思维模式已经接近现代的计算机理念，《营造法式》严密的各项规定，如同一个系列标准木构件数据库，无论需要建造怎样一个独特、庞大的建筑物时，只要根据数据库规定，适当调整、修改一些尺寸就能立马进行大规模的生产和组装，不会产生丝毫的误差。唐朝佛光寺东大殿里那么复杂的建筑，密密麻麻的内部斗拱全都是标准件。古代匠人的智慧可见一斑。

《营造法式》对木结构建筑的做法，以及对各工种的建筑功限、料例作了严密的限定，具体将"材份制"在建筑设计中的应用作了详尽的阐述，并在大木作图样中提供了以前尚不为人知的有关殿堂、厅堂两类建筑的断面图，从中明确了两种屋架在建筑结构形式上的不同之处。比如柱子"侧脚"，古代建筑中一种稳定木架结构的方法。即将建筑物两侧柱子的柱脚向外侧出，柱身向里收进，与横着的枋子连接。这样的建筑物遇到震动时，重心不易外移，稳定性能较高。

所以，《营造法式》一书中，就将"侧脚"规定为木构建筑物中必须遵守的一种方法。

《营造法式》一书对我国汉唐以来木构架建筑体系的技术和规范作了系统性总结，过去只能在绘画、壁画或雕刻中见到的一些宋、辽、金以前的建筑遗物，通过《营造法式》有了具体的图证，并从中了解到现存古代建筑中未曾保留也不曾使用的一些有关建筑装饰和建筑设备的专业术语。这有助于理解汉、唐以来在建筑及文艺著作中有关建筑的形象描述，也加深了许多建筑知识感受，它较之《考工记·匠人》具有更完善、更丰富、更具体的学术价值，是了解中国古代建筑学和研究中国古代建筑较为详尽的重要典籍。

《营造法式》是一部极有价值的建筑专书。这部书的颁行，反映出中国古代建筑到了北宋时期，在工程技术与施工管理方面已达到了一个新的历史水平。

中国南方古代建筑的典范

1954年7月，一个阴霾的夏日，南京工学院中国建筑研究室学习古代建筑的三位学生——戚德耀、窦学智、方长源组成暑期实习小组，前往杭州、绍兴、宁波一带调查民居及古代建筑。7月30日，他们抵达慈城（位于宁波市江北区西北部）。听当地人说离城5千米的山坳里，有座规模很大的古代寺庙，于是他们便欣喜地赶赴过去探查。当时天阴将雨，他们在山中搜寻很久，直到在大雨中推开了大殿殿门，三人顿时被眼前的这座古代建筑惊呆了。

这座古代建筑的诱惑力和吸引力，远远超出了他们的想象。大殿雄壮的斗拱、精致的藻井、巧妙的拼柱、考究的细节，无不表示这座殿宇不同寻常的身份和价值。他们在须弥座（又名"金刚座""须弥坛"，源自印度，是安置佛、菩萨像的台座）背后看到了"崇宁元年"（1102）的题记，据此判断其为北宋建筑。这就是保国寺大殿，从而在中国古代建筑史上书写了浓墨重彩的一页。

保国寺，位于浙江省宁波市江北区洪塘镇的灵山之麓，距市区

15千米，原是东汉时期的灵山寺。唐会昌五年（845）寺宇被毁，广明元年（880）重建，唐僖宗赐"保国寺"匾额，由此改名。现存保国寺大殿通常被认为是僧则全于北宋大中祥符六年（1013）监造建成，距今1005年。

保国寺是中国现存最古老的木结构建筑之一，也是中国长江以南幸存的最古老、最完整的木结构建筑。它由山门、天王殿、大殿等建筑组成，占地面积1.3万余平方米，建筑面积0.6万余平方米。保国寺因杰出的文物价值而受到特别保护，现已无宗教活动，改设为保国寺古建筑博物馆。

保国寺

据专家学者研究，保国寺大殿建筑的做法，与北宋《营造法式》很像，也只有保国寺大殿反映了最多《营造法式》记载的内容，这说明《营造法式》吸收了宁波地方的做法，显然也与王安石有关。保国寺大殿的年代比北宋《营造法式》刊行还要早90年，大殿的许多做法及规制成了《营造法式》的实物例证，因此称得上《营造法式》的活化石。保国寺大殿的建筑特色如下。

1. 保国寺大殿的建筑特色

（1）进深大于面阔的特殊建筑平面布局。

保国寺大殿面阔3间，长11.91米，进深3间，宽13.35米，呈纵长方形。这种进深大于面阔的建筑平面布局，在现存的唐、宋、辽、

玉皇殿

金、元木结构建筑中极为罕见。在现存的宋朝结构建筑中，只有山西省高平县玉皇庙玉皇殿等极少数建筑采用类似的做法，玉皇殿通面阔 11.20 米，通进深 11.70 米，进深大于面阔 0.50 米。

（2）大殿斗拱等用材断面高宽比为 3：2，符合最具科学性的木结构模数制。

《营造法式》大木作制度的开篇便是"凡构屋之制，皆以材为祖。材有八等，度屋之大小因而用之"。这里的"材"类似于现代建筑设计中的模数。保国寺大殿斗拱用材接近于五等材，其斗拱模数不仅与《营造法式》的规定基本一致，而且材断面的高宽比为 3：2。根据 18 世纪末、19 世纪初英国科学家汤姆士·扬的研究，这样的比例反映了最高的出材率，具有最理想的受力效果。中国工匠所采用的受力构件，要先于汤姆士·扬的实验数据几百年，而且作为北宋建筑的官方标准，早已成为一种法式制度。

（3）以小拼大的木结构瓜棱柱。

保国寺大殿的 16 根柱子，外观形状全都如同南瓜，因而被称为"瓜棱柱"。有全瓜棱、二分之一、四分之三瓜棱。这种瓜棱柱在宋朝时期的东南沿海一带非常流行。瓜棱柱的使用向来被认为是装饰与结构的和谐统一、小材大用的奇妙构想。这样的瓜形并不是雕刻出来的，而是由比较小的木料拼合、包镶而成的。柱心四根小柱拼合，外面再包镶四瓣木条，既节约木材，又不影响牢固，且外形美观。相比于整柱，这样的拼合柱有许多优点。因大殿承重需要，如果选用整柱，必须直径超大的坚固木材才行。但一根大木头外面包上8根小木头，或者4根大木头包镶四段拼合木，作用便能等同于整柱，真正做到小材大用，经济省料。同时，拼合柱中留有的缝隙。有助于潮气挥发，在南方潮湿的气候影响下柱子也不容易腐朽霉烂。更令人称绝的是，拼合柱更能贴合柱子所处的不同位置，在地震来临时，帮助减震。目前，木结构的瓜棱柱，只存在保国寺大殿，可谓极为罕见。

（4）独特构架形式和立柱基础。

大殿其内柱高于檐柱，前后檐柱上的梁后尾插入内柱柱身，近于宋式厅堂型构架，但柱上重叠多层柱头枋，前部装平藻井，又具有宋式殿堂型构架的特点。这是北宋和辽时特有的构架形式。

大殿立柱的基础与同时期的宋朝建筑大体相同，立柱基础有石鼓形、须弥座式和复盆状三种。其中须弥座式又有雕刻花纹及无花纹之别。

（5）现存宋朝建筑唯一吻合《营造法式》的镂空藻井。

保国寺大殿内，外观看不到梁架支撑，是其结构的巧妙之处。看似没有大梁，其实是被精心地隐藏了。在大殿前槽的天花板上，工匠巧妙安排了三个与整体结构有机衔接的镂空藻井，并用天花板和藻井遮住了大殿的梁架。这种设计，使这座大殿有了"无梁殿"之称。如海螺形状镂空的木藻井，不仅美观，且有气流回旋，有防尘防灰、防鸟虫停留的作用。

藻井的这种装饰，其含义与象征还和消防有关。西汉时，建筑失火用海水来灭火，承接水的东西是井，光有井还不够，还要跟海水联系起来，就选择了海藻。凹进的"井"的上面画上藻纹，构成藻井。一般做成向上隆起的井状，有方形、多边形或圆形凹面，多用在宫殿、寺庙中的宝座、佛坛上方最重要的部位，反映了古人对防火的良好愿望。

目前发现，只有辽朝的独乐寺观音阁大殿有藻井，其他的建筑没有。唐朝的建筑，如佛光寺大殿，也没有藻井。《营造法式》有关藻井的做法有记载，其中大的8条角梁汇在一起，跟保国寺大殿特别像，可以说基本就是保国寺的藻井式样。藻井的用材取《营造法式》

的七等材，这是现存宋、辽、金时期木装修按《营造法式》规定在大木作中选择藻井用材等级的唯一案例。

（6）独存的建筑技艺。

保国寺大殿还有一些建筑细部做法，跟《营造法式》很相似，有的已成为海内孤例。

如有一个构件叫蝉肚绰幕（绰幕枋），外形像蝉肚子上的花纹，别的地方没有，唯保国寺大殿独存。

"七朱八白"的装饰彩画形制，是《营造法式》中用丹粉刷饰屋舍的方法之一。简单地说，就是按形制把阑额立面隔成若干等份，然后每份画上均匀的"八白"，即8段白条纹，八白中间用朱阑断成七隔，即7段朱色，其中朱色长度和白色相同。保国寺是中国现存极少数留有"七朱八白"彩画遗迹的地面建筑。

更令人称奇的是，在这样结构繁复的木结构建筑里，历经千年却很难见到鸟窝、灰尘、蜘蛛网等。中国长江以南地区常年多雨潮湿，还常有台风光顾，木结构建筑能够保存至今已属不易。而保国寺大殿不仅屹立不倒，还让虫鸟都"谢绝光临"，实在是难得。除了通过保持空气流通而让殿内不结蛛网，不积灰尘，多年保持清洁之外，其中采用黄桧木构件被认为是一大原因。黄桧也称扁柏，属柏科，树龄可达2000年以上，由于它生长时间长，木材细致坚实有较好的韧性恢复力，且含有一种飞鸟、昆虫不愿闻的辣性芳香油。据说，人们曾把一只蜘蛛放在大殿的梁上，不久，蜘蛛就昏迷过去了。后来，又有很多人刻意将蜘蛛放进殿堂，可没多久，这些蜘蛛就跑得无影无踪了，殿堂里也始终没见过有蜘蛛网。

保国寺大殿是典型的宋朝木结构建筑，在北宋出版的我国最早的建筑学规范性书籍《营造法式》里，就借鉴了许多大殿的建造经验。保国寺大殿充分展现了我们祖先精湛绝伦的建筑工艺，古代能工巧匠的非凡智慧在此熠熠生辉。

保国寺大殿厅堂式构架体系，平面布局进深大于面阔；复杂的斗拱结构，用材断面高宽比为3∶2，达到最高出材率和最强受力效果；以小拼大的四段拼合的瓜棱柱，柱身有明显的侧脚（为了更好地承重，大殿里的柱子，由四周向中心倾斜）；柱梁、阑额做成两肩卷刹的月梁形式，室内天花板中的镂空藻井等，既独特科学，又牢固美观，这在现存诸多宋朝木结构建筑遗物中是难得见到的。其许多做法既具北宋鲜明的时代特征，又呈现出浓郁的江南地方特色。这为研究宋朝建筑和《营造法式》提供了宝贵的实物例证，是一项极其珍贵的建筑文化遗产。

联合国教科文组织驻华代表于连评价称，建成于 1013 年的保国寺大殿作为中国南方最古老的木结构建筑之一，代表了世界范围内木结构文化遗产的骄傲，这样的案例在世界范围内也不多见，因此具有世界级价值。

1961 年 3 月，保国寺大殿入选为第一批全国重点文物保护单位。

蕴藏千古器灵的奇塔

蕴藏千古器灵的奇塔，就是应县木塔。

建造者本身就充满神话色彩。奇塔必由奇人来建。传说应县木塔是由中国建筑的祖师爷鲁班建造的，起因是鲁班的妹妹要与哥哥比赛手艺高下，妹妹说，自己能在一晚上做成 12 双绣花鞋，哥哥如果能在一夜之间建造完成一座 12 层的木塔，那就算哥哥的手艺比妹妹高。鲁班说："好！一言为定。"比赛的结果，鲁班果然在一夜间建成了 12 层的木塔，只不过建完之后，应县的城隍土地爷不高兴了，原来这 12 层宝塔把他们压得喘不上气来，他们趁鲁班不在，弄来一股妖风，将宝塔上 3 层一直吹到关外大草原。等鲁班回来时，应州就只剩下 9 层木塔了。

还有民间传说这是玉皇大帝为了保护鲁班建造的木塔，送来了避火珠和避水珠，再大的洪水到了木塔前也会绕过木塔向四面八方流去，哪怕炮弹打在塔身上燃起大火也会在瞬间熄灭。还有的说是唐朝高僧慧能大师应梦把灵芝草采回宝宫禅寺，栽在木塔第 6 层顶的莲花座上，至今还保存着。

蕴藏千古器灵的应县木塔，又称释迦塔，全称佛宫寺释迦塔，位于中国山西省应县城内西北佛宫寺内，因其全部为木构，通称为应县木塔，建于辽清宁二年（1056），金明昌六年（1195）增修完毕，是世界现存最高、最古老的一座木结构建筑。

应县木塔位于寺南北中轴线上的山门与大殿之间，属于"前塔后殿"的布局。塔建造在4米高的台基上，塔高67.31米，底层直径30.27米，呈平面八角形。整个木塔共用红松木料3 000立方米，约2 600多吨重。全部采用木质斗拱形制，没有一钉一铆，堪称世界一绝。

应县木塔第一层为立面重檐，以上各层均为单檐，共五层六檐，四层每层下面夹设有暗层，实际上是一座九层累架的木框架结构。因底层为重檐并有回廊，故塔的外观为六层屋檐。各层均用内、外两圈木柱支撑，每层外有24根柱子，内有八根，木柱之间使用了许多斜撑、梁、枋和短柱，组成了不同方向的复梁式木架。采用传统的柱、梁、斗拱层层叠上而建成。除了塔基和第一层的墙壁是用砖石以及顶上的刹是锻铁之外，其余全部都是木材。每一层的檐和平座，都由斗拱承托。由下而上，由于每层的高度逐减，每层的宽度也逐渐收缩，特别是由于八角形的平面，为内部梁尾的交叉点造成相当复杂的结构问题。但是11世纪的中国伟大建筑师大胆继承了汉、唐以来富有民族特点的重楼形式，充分利用传统建筑技巧，广泛采用斗拱结构，全塔共用斗拱54种，每个斗拱都有一定的组合形式，有的将梁、坊、柱结成一个整体，每层都形成了一个八边形中空结构层，圆满地解决了木结构的复杂问题，当之无愧是"鬼斧神工"的建筑设计。

应县木塔是中国古代建筑中使用斗拱种类最多、造型设计最精妙的建筑，被誉为"中国古建筑斗拱博物馆"。

应县木塔每面都宽3开间，塔身底层南北各开1门，两层以上每层的塔身外壁都设有平座和栏杆，可以凭栏远眺，每层装有木质楼梯，游人逐级攀登，可达顶端。2～5层每层有4门，均设木隔扇。塔内各层均塑佛像。一层为释迦牟尼，高11米。内槽墙壁上画有6幅如来佛像，门洞两侧壁上也绘有金刚、天王、弟子

世界奇塔

意大利比萨斜塔

比萨斜塔（意大利语：torre pendente di pisa 或 torre di pisa，英语：leaning tower of pisa）建造于 1173 年 8 月，是意大利比萨城大教堂的独立式钟楼，位于意大利托斯卡纳省比萨城北面的奇迹广场上。

比萨斜塔从地基到塔顶高 58.36 米，从地面到塔顶高 55 米，钟楼墙体在地面上的宽度是 4.09 米，在塔顶宽 2.48 米，砖石结构，总重约 14 453 吨，重心在地基上方 22.6 米处。圆形地基面积为 285 平方米，对地面的平均压强为 497 千帕。倾斜角度 3.99°，偏离地基外沿 2.5 米，顶层突出 4.5 米。1174 年首次发现倾斜。600 年来越斜越严重，最厉害时倾斜角度达到了 5.6 米。传说伽利略曾拿这座斜塔作为自由落体的试验场地，动摇了统治 1900 年之久的亚里士多德的权威，这座斜塔因此被看作伽利略的纪念碑。比萨斜塔本身便以其独特的圆形设计堪称罗马风格建筑杰作，而倾斜的过程更使它因祸得福成为世界建筑奇观。

1987 年 12 月，联合国教科文组织世界遗产委员会第 11 次会议决定将其收入世界遗产名录。

比萨斜塔

法国埃菲尔铁塔

埃菲尔铁塔（法语：la tour eiffel；英语：the eiffel tower）矗立在塞纳河南岸法国巴黎的战神广场，于 1889 年建成。埃菲尔铁塔高 300 米，天线高 24 米，总高 324 米，相当于 100 层楼高。当年建成后的埃菲尔铁塔还曾是世界上最高的建筑物。它是世界著名建筑、法国文化象征之一、巴黎城市地标之一、巴黎最高建筑物。被法国人爱称为"铁娘子"。

埃菲尔铁塔是由很多分散的钢铁构件组成的。钢铁构件有 18 038 个，重达 10 000 吨，施工时共钻孔 700 万个，使用 1.2 万个金属部件，用铆钉 250 万个。除了四个脚是用钢筋水泥之外，全身都由钢铁构成，共用去熟铁 7 300 吨。每隔 7 年油漆一次，每次用漆 52 吨。塔分三楼，分别在离地面 57.6 米、115.7 米和 276.1 米处，其中一两楼设有餐厅，第三楼建有观景台，从塔座到塔顶共有 1 711 级阶梯。

埃菲尔铁塔是当时席卷世界的工业革命的象征。所以，它是为了世界博览会而落成的。庆祝法国革命胜利 100 周年，是代表法国荣誉的纪念碑。它是世界建筑史上的技术杰作，曾经保持世界最高建筑纪录 45 年。

等。二层坛座方形，上塑一尊佛、两尊菩萨和两名胁侍。塔顶是八角攒尖式，上有铁制的刹柱（塔尖的立柱，有避雷的作用），还有相轮、宝盖、圆光、仰月和宝珠等构件，下面又有砖砌的两层莲花座。塔每层檐下装有风铃。整个塔的造型既复杂又美观，说是"鬼斧神工"也不为过。

应县木塔处于山西大同盆地的地震带，将近1000年来历经过多次强烈的地震。但是，塔却一直巍然屹立，连塔刹也未被震坏，说明它具有很高的抗震能力。据分析，这主要是由于它的地基十分坚固结实，塔身是用几个矩形的木质框架组成，并利用内外两圈柱子来巩固框架，所以在结构上是非常稳定的。塔中四个暗层的设置，等于增加了四道钢箍，也加强了木塔的稳定性，因而才能经受得起多次较强烈地震的摇撼和暴风骤雨的袭击。

应县木塔设计科学严密、整体比例适当、建筑宏伟、艺术精巧、外形稳重庄严、巧夺天工，是一座既有民族风格、民族特点，又符合宗教要求的建筑，在中国古代建筑艺术中可以说达到了最高水平，即使现在也有较高的研究价值。与意大利比萨斜塔、巴黎埃菲尔铁塔并称"世界三大奇塔"。2016年，应县木塔获吉尼斯世界纪录认定为世界最高的木塔。

国家文物局对应县木塔的评价是，现存世界木结构建筑史上最典型的实例，中国建筑发展上最有价值的坐标，抗震避雷等科学领域研究的知识宝库，考证一个时代经济文化发展的一部"史典"。

1961年，应县木塔被列入中国首批国家重点文物保护单位。

蕴含诗意的"独乐晨光"

"独乐晨光"是天津十景之一，即独乐寺。位于天津市蓟州区，占地面积1.6万平方米。始建于唐贞观十年（636），由大唐名将尉迟敬德监造，后毁。辽统和二年（984），秦王耶律奴瓜重建。现在，该寺山门和观音阁为辽朝建筑，其他都是明清时期所建。

说独乐寺充满诗意，不是空穴来风，据说还真是与唐朝大诗人李白有关。

如今观音阁下檐上高悬"观音之阁"匾额，相传为唐朝李白所写，即"李白飞笔点字"的千古佳话。

唐天宝十一年（752），李白北游蓟州，来到独乐寺。李白在当时可是一个闻名全国的大人物，当时观音阁刚刚建成，还没题写匾额，独乐寺主持见到大名鼎鼎的李白，觉得是天赐良机，于是喜出望外，马上以好酒好菜盛情款待。见李白喝得高兴，住持请他给观音阁题匾时，李白一口应允，实际已大醉，趁着酒兴，迷迷糊糊地写了"观音之阁"四个大字，又题上"太白"的落款。第二天，当人们把匾额挂上去之后，现场一片哗然，原来"观音之阁"的"之"字上少了一点。这下急坏了住持，急忙跑到李白面前躬身施礼："先生您看如何是好？"李白一愣，接着便开怀大笑，高声断喝"拿酒来！"早有人备好两坛酒，笔墨也随之奉上。但见李白抱坛狂饮，直至脸红微醉时，抓起毛笔，蘸满浓墨，眼望大匾，踉跄两步，双手握笔高高举起，只见笔脱手而出，笔尖不偏不斜，正好点在"之"字头上，众人惊愕，随即响起雷鸣般的喝彩声。这就是著名的李白"飞笔点之字"，一时传为美谈。

独乐寺的建筑布局、结构都比较奇特，全寺建筑分为东、中、西三部分。东部、西部分别为僧房和行宫，中部是寺庙的主要建筑物，白山门、观音阁、东西配殿等组成，山门与大殿之间，用回廊相连接。这些都反映出唐辽时期佛寺建筑布局的鲜明特点。

山门和观音阁为独乐寺主体建筑，被公认为辽朝建筑的重要代表。

山门是进入独乐寺的主要通道，建筑在一个低矮的台阶上，坐北朝南，高 10 米，总宽 16.16 米，中间 1 间宽 6.06 米，总深 8.62 米，平面长宽比近于 2∶1。面阔 3 间，进深 2 间，中间做穿堂，梁架匀称，斗拱粗壮有力，相当于立柱的二分之一，屋顶为五脊四坡形，古称"四阿大顶"，出檐深远而曲缓，檐角起翘如飞翼，是我国现存最早的庑殿顶山门。整个建筑朴实无华，以结构的逻辑性表现出建筑艺术效果，立意难得。屋脊上还保存着两个"鸱尾"，张口吞脊，长长的尾巴翘转向内，犹如雉鸟飞翔，造型生动古朴，辽朝原物，是我国现存古代建筑中年代最早的鸱尾实物（在我国古代建筑的屋脊上，经常可以看到神兽的造型，这就是所谓的吻兽。吻兽是中国古代建筑中屋脊兽饰的总称，鸱尾指的是正脊两端的这种吻兽，它是吻兽的一种）。传说这种鸱兽能够吐水灭火，所以古人就把它的形象做成屋脊的装饰，包含有避除火灾的意思。山门中间是门道，有两尊高大的天王塑像守卫两旁（俗称"哼哈二将"），横眉怒目，线条粗犷，刚劲有力，是辽朝彩塑珍品。

观音阁，中间腰檐和平坐栏杆环绕，高19.73米，下层总宽19.93米，中间1间宽4.67米，总深14.04米，平面长宽比约为3∶2。上下共三层，每层都是面阔5间，进深4间，外形轮廓稳重而又轻灵舒展，采用殿堂结构金箱斗底槽形式，分内外槽。结构形式及其处理手法，反映出中国古代建筑可以适应各种使用要求。阁的外观立面和室内空间（包括塑像）的构图，是以结构为基础经过缜密设计的。

观音阁，屋顶为单檐歇山顶，出檐深远，美丽壮观，是我国现存最古老的木结构楼阁。观音阁设计巧妙，匠心独具，全部结构围绕中间的一尊高约16米，11面巨型观音像量身定做，28根立柱形成内外2圈有序排列，柱上置斗拱，斗拱上架梁枋，其上再立木柱、斗拱和梁枋，用梁枋斗拱连接成一个整体。上下各层的柱子不直接贯通，而是上层柱插在下层柱头斗栱上的"叉柱造"。上下两层空井的形状不同，有助于防止空井的构架变形，加强了整个阁结构巨大的抗震能力，而空井又是容纳佛像的空间，做到了结构与功能的统一，赋予建筑巨大的抗震能力。

阁内各种斗拱繁简各异，共有24种，152朵之多，使建筑显得既庄严凝重，又挺拔轩昂。斗拱大小、疏密，布置合理，处理规律，协调有方。建筑结构上灵巧地应用了传统木材框架结构方法，把一层层的框架叠架上去。第一层的框架，运用它的斗拱，构成了下层的屋檐，中层的斗拱构成了上层的平座（挑台），上层的斗拱构成了整座建筑的上檐。基本上就是把观音阁的框架三层重叠起来，形成一个稳健扎实的建筑结构。内部不用天花板，斗栱、梁、檩等构件显露可见，装饰效果显著。

观音阁所用梁、柱、枋和斗栱的构件数以千计，但布置和使用时都很有规律。最令人称奇的是，观音阁虽然有成千上万个木构件，居然一共只有 6 种规格，这说明在 10 世纪末期，我国北方建筑用材已经实现高度标准化的设计，代表了中国古代建筑踏入高度成熟的时期。

另外，还利用下昂（斗栱中斜置的构件，起杠杆作用。华栱以下，向外斜下方伸出者，出栌斗左右的第一层横栱）和华栱（华栱是斗栱组合中纵向出跳的栱）出挑相等而高度不同的特点来调整屋顶坡度，这是唐以来单层与多层建筑常用的方法。阁的外形兼有唐朝雄健的建筑风格和宋朝柔和的建筑特色，也反映了辽朝木结构建筑技术的卓越成就。

具有千年历史的观音阁，曾遭到 30 多次地震的袭击。在清康熙十八年（1679）发生的河北东部的大地震，当时蓟州（今天津市蓟县）的官署和民居全部震坍，唯独观音阁依然屹立。1976 年的唐山大地震，又把独乐寺里的辽朝白塔和其他明清建筑物大部分震坏，而观音阁在震后仍无损伤。据建筑专家研究，这是由于它的地基坚实匀称，梁架用材比例恰当，柱网的布置全局一体，榫卯结合严实，以及套框式的梁柱结构所产生的稳定因素等。

观音阁是我国现存的最古老的木结构高层楼阁，并以其建筑手法高超著称。可以说，观音阁是集我国木结构建筑之大成，是国内现存最早的木结构高层楼阁式建筑。中国著名建筑史学家梁思成曾称独乐寺为"上承唐代遗风，下启宋式营造，实研究中国建筑蜕变之重要资料，罕有之宝物也"。

独乐寺山门、观音阁这两座建筑，1961 年被定为全国重点文物保护单位。

中国古代建筑常识

吻　兽

吻兽，是屋顶的一种装饰性建筑构件，大多为一些出自于动物原形并经过艺术加工的形状。有的在屋顶的正脊，有的在垂脊和岔脊上，有的在屋檐上，排列规整，做工精细，被称为中国古代建筑装饰的一大特点。吻兽显示宅主的职权和地位，庙宇、官宅、宫廷以金黄琉璃瓦者为多，平民百姓住宅饰以素瓦或陶质者为多，一般不得用大型的龙吻兽。作为建筑屋顶上的避邪物，希望借助"仙人神兽"的帮助，能够驱逐来犯的厉鬼，守护家宅的平安，并可求得丰衣足食，人丁兴旺。

屋脊兽

西汉时期，中国建筑上已经出现了比较完备的吻兽。神兽最高等级是10个，外加一个跨凤仙人，按顺序是仙人、龙、凤、狮子、天马、海马、狻猊、押鱼、獬豸、斗牛、行什。

（1）鸱吻，初作鸱尾之形，一说为蚩（一种海兽）尾之形，象征消除火灾。后来式样改变，折而向上似张口吞脊，因名鸱吻，又称"龙吻"。相传鸱吻是龙的九个儿子之一，形状像四脚蛇剪去了尾巴，这位龙子好在险要处东张西望，也喜欢吞火。相传汉武帝建柏梁殿时，有人上疏说大海中有一种鱼叫虬尾，是水精，喷浪降雨，可以防火，建议置于房顶上以避火灾。于是便塑其形象在殿角、殿脊、屋顶之上。据说，在房脊上安两个相对的鸱吻，能避火灾。我国目前最大的"大吻"在故宫太和殿的殿顶上。它由13块琉璃件构成，总高3.4米，重4.3吨，是我国明清时期的官殿龙饰物"正吻"的典型作品。

（2）凤，是中国古代传说中的百鸟之王，是吉祥瑞气的象征，它们成对出现，蕴含着吉祥如意、多子多福的意味。

（3）狮子，相传东汉年间，狮子被作为礼物送给中国的皇帝。随着佛教传入中国，被佛教推崇的狮子在人们心目中成了高贵尊严的灵兽，头披卷毛，张嘴扬颈，四爪强劲有力，神态盛气凌人。

（4）天马，传说异兽，身体像白色的狗，长着黑色的马头，看到人就飞上天，叫声如雷。中国天马的形象通常为奔腾的骏马，无双翼。为表现其"天马"的不同，常于马下方绘制云朵，体现天马可以腾云驾雾。唯一的特例出现在乾陵（陕西省咸阳市乾县），乾陵神道上的第一对石刻天马是肋具双翼的。

（5）海马，亦称落龙子，古代神话中吉祥的化身，象征忠勇、吉祥，智慧与威德，能通天入海，畅达四方。

（6）狻猊（suān ní），中国古代神话传说中龙生九子之一，形如狮，喜烟好坐，性格凶猛，能食虎豹，为百兽之长。常出现在中国官殿建筑、佛教佛像、瓷器香炉上，有护佑平安、镇灾降恶之意。

（7）狎鱼，也叫押鱼。押，有掌管的意思，押鱼是海中异兽，掌管水族鱼类。形状遍体鳞甲，还有鱼尾，能够喷出水柱，寓其兴云作雨，灭火防火。

（8）獬豸，又称獬廌、解豸（xiè zhì），是中国古代神话传说中的神兽，体形大者如牛，小者如羊，类似麒麟，全身长着浓密黝黑的毛，双目明亮有神，额上通常长一角，俗称独角兽。獬豸拥有很高的智慧，懂人言知人性。它怒目圆睁，能辨是非曲直，能识善恶忠奸，发现奸邪的官员，就用角把他触倒，然后吃下肚子。它能辨曲直，又有神羊之称。将它用在殿脊上装饰，象征公正无私，又有压邪之意。

（9）斗牛，传说中是一种虬龙，无角，身披鳞甲，与押鱼作用相同。一说其为镇水兽，古时曾在发生水患之地，多以牛镇之。立于殿脊之上意有镇邪、护宅之功用。

（10）行什，一种带翅膀猴面孔的压尾兽，背生双翼，手持金刚宝杵，传说宝杵具有降魔的功效。因排行第十，故名"行什"，似有防雷的寓意。只有在北京故宫的太和殿上可见到，所以它只出现在等级最高的建筑上。

吻兽在建筑上的使用，随着历史的发展也逐渐形成较严格的定制和比较严密的格局。按照建筑等级的高低而有数量的不同。最多的是故宫太和殿上的10个走兽装饰，外加一个跨凤仙人，这在中国宫殿建筑史上是独一无二的，显示了至高无上的重要地位。在其他古代建筑上一般最多使用9个走兽，只有金銮宝殿（太和殿）才能十样齐全。中和殿、保和殿、天安门都是9个，其他殿上的小兽按等级递减。

中国古代的宫殿多为木质结构，易燃，传说这些小兽能避火。由于神化动物的装饰，使帝王的宫殿成为一座仙阁神宫，构成鲜明独特的中国古代建筑元素。

太和殿

中华第一塔

号称中华第一塔的，就是定州塔。

定州塔建在开元寺塔内，故名"开元寺塔"，又名"开元宝塔"。位于河北省定州市内南门里东侧，是世界上现存最高的砖木结构古塔。

根据文献记载，先建开元寺，后建定州塔。开元寺的前身是七帝寺，建于491年，596年将七帝寺改为正解寺，到905年前后，正解寺改为开元寺。

北宋初年，开元寺和尚慧能经常到西天竺（印度）取经，得到

定州塔

佛教中传说的舍利子回来。咸平四年（1001），宋真宗下令在定州开元寺内建塔纪念，到宋仁宗至和二年（1055）建成此塔，历时55年。可知建寺500多年以后才建的开元寺塔，又所谓"唐修寺、宋修塔"之说。

然而，在古代建造如此高大的塔，绝非易事。千百年来一直流传着"土囤"的传说。当时定州知州（地级市代理市长）奉皇帝之命在此建塔，于是到处招募土木建筑的能工巧匠。但工匠们都无法构建这么高的塔身，知州盛怒之下杀了许多工匠。就在将要杀掉最后一名工匠时，手下文书急忙劝阻道："如杀了他，谁来担此重任？还不如放他回家，限定在三日内拿出建造良策，否则性命不保。"

这个工匠回家后茶饭不思，冥思苦想，三天已到，却仍未想出什么好办法，心想难逃一死，便借酒浇愁，不觉已经大醉，直奔祖坟求死，却支撑不住，倒在坟地睡着了。恍惚之中，走来一位白发童颜的老人，问道："你为何事痛不欲生？"工匠说明了事情的原委，老人劝道，我本来有心帮你，但是年纪大了，已是土埋到脖子的人了，力不从心了，说完拂袖而去。工匠惊醒，原来是做梦。但却从老人"土没脖子"的话语中领悟到建筑的"土囤法"。古代修建高大建筑，因为没有像今天起重机那样的吊装设备，聪明的工匠就先建上底座，四周用黄土一围，然后上横梁，再往上建，再用土囤，这种方法叫"土囤法"，以前一些高大的建筑物就是这样建成的。建筑完成，撤掉土堆，再用水把建筑冲刷一遍就算完成了。

工匠喜出望外，连忙赶往州府献上修建定州开元寺塔的"土囤"良方，知州大喜，急令即日破土动工。据此，定州开元寺塔修建一层，土囤一层，一直到塔顶。

传说总归是传说，在前些年的修复过程中，在塔身上发现分布均匀的架眼，专家推测，建定州塔时应该是采用木框架逐渐往上修建的。

　　开元寺塔全部为砖木结构，建于高大的台基之上，塔高 13 级，实为 11 层，座基周长 127.65 米，高 83.7 米。当时宋辽对峙定州处于宋国北疆，军事地位十分重要，宋王朝为了防御契丹，利用此塔瞭望敌情，作报警之用，故又名"料敌塔"。

　　开元寺塔，建筑形式独具一格，结构严谨，精巧奇特。塔身是八角形楼阁式，由塔基座、塔身和塔刹（塔顶）三部分组成，从下至上，逐层收缩。

　　塔身第一层较高，上有塔檐平座，其他各层只有塔檐。塔檐是用砖层层叠涩挑出短檐，断面呈现凹曲袋，别具风格。塔身外部 1～9 层 4 个正方向开门，4 个侧方向设置彩绘假窗。10～11 层因军事需要，8 面开门。平面有 2 个正方形交错而成，一改以前早期塔的四方形式，显得雄伟大方，秀丽丰满。

　　塔身分内外两层衔接而成，如同母子环抱，两层之间形成八角形回廊连接，呈现大塔中环抱着一座小塔的奇特结构。塔身 8 个角之间以粗大的木筋相连，结构牢固。塔内中心八角形柱体内有砖阶楼梯，绕回廊盘旋可到塔顶层。塔内部空间宽敞，即使是最顶层，仍有很大空间。

　　塔砖的规格不一，约有十几种，最大的砖长 70 厘米，宽 24 厘米，厚 10 厘米；最小的砖长 36 厘米，宽 78 厘米，厚 70 厘米。为了增强砖与砖之间的拉力，加筑了许多松柏木质材料，足见其工程之繁复。

　　塔内 1～7 层天花板部为斗拱平棋叠涩顶（天花板上用砖石层层堆叠向内收，最终在中线合拢成的拱），8～11 层为拱券式顶（圆弧状外形）。第二、三层游廊天花板是由雕刻的花砖砌成，并涂上色彩，技艺精湛，令人赞叹。

　　塔的屋顶覆盖琉璃瓦，其上为塔刹（塔顶），基座上安置巨大的忍冬花叶（金银花叶），然后是半球形塔肚，上置铁制相轮（圆盘）和露盘（承露盘），最上有青铜宝珠两个。

　　开元寺塔整个塔的造型端庄威武，极具北方风格的雄浑气势，又兼具江南秀水的柔美风姿。塔内各层 4 面有佛龛、彩绘，精工细琢、花纹各异、技艺精湛。塔体一层回廊内保存着北宋时期精美的斗拱彩画，历经千年依然色彩艳丽，栩栩如生，有号称"北宋建筑彩画重要遗存"。其上各层的佛坛、佛龛，回廊顶部的砖雕斗拱，两壁的历代碑刻、壁画，都保存完好。

开元寺塔是一座集历史价值、建筑艺术、佛教文化、书法绘画艺术于一体的宝塔，在中国古代建筑史中占有重要地位，对研究宋朝历史及古代建筑物有重要价值。

开元寺塔从始建至今，已有整整 1000 年的历史。清光绪十年（1844）六月，塔的东北面从上到下塌落下来，破坏了这一重要建筑物的完整。从 1986 年开始，国家文物部门斥巨资对其进行整体加工维修，成为全国文物修复工程最大项目之一。如今已经修缮完毕。

我国著名古代建筑专家罗哲文为定州开元寺塔题写了"中华第一塔"。

1961 年，开元寺塔被定为首批全国重点文物保护单位。

元大都的胡同

元大都（或称大都），在突厥语中称为"汗八里"，意思是"大汗之居处"。自元世祖忽必烈至元四年（1267）至元顺帝至正二十八年（1368），为元朝国都。其城址位于今北京市市区，北至元大都土城遗址，南至长安街，东西至二环路。如今，有元大都土城遗址和元大都遗址公园等。

元大都是今北京城的前身，以规模巨大、建筑宏伟而著称于世，城址的选择和城市的平面设计，直接影响到后来北京城的城市建设。因此它在城市建筑史上占有重要地位，也是我国封建社会后期都城建设的一个典型。

1267 年，蒙古大汗忽必烈下令建造新的都城。1271 年，忽必烈将国号"大蒙古国"改为"元"，忽必烈由蒙古大汗成为大元皇帝，即元世祖。1272 年，忽必烈还将正在建设中的新都城由"中都"改名为"大都"。1274 年，大都的宫殿建成。大都城继续施工，至 1276 年基本建成。元大都前后历时将近 30 年，完成宫城、宫殿、皇城、都城、王府等工程的建造，形成新一代帝都。大都新城的平面呈长方形，周长 28.6 千米，面积约 50 平方千米，相当于唐长安城面积的五分之三，接近北宋东京（今河南省开封市）的面积。至此，如今北京城的雏形基本定型。

元大都城垣遗址

元大都严格按照《周礼·考工记》中对于天子之城的规划进行设计和建造，宫城的中心正好位于中轴线上，城门建设也按照"天地之数，阳奇阴偶"（阳奇指属于阳的 1、3、5、7、9 为奇数，也叫天数，天属阳；阴偶指属于阴的 2、4、6、8、10 为偶数，也是地数）的原则，建 11 门，不开正北之门。至于城区，则按照"大衍之数五十"的说法，共建五十坊，象征着天生地成，阴阳合德，天地万物，发展繁衍。

元大都的街道，纵横竖直、互相交错，相对的城门之间一般都有宽广平直的大道相通。根据《马可·波罗游记》的记载，元大都全城的设计都用直线规划，大体上，所有街道全是笔直走向，直达城根。站在一个城门楼上，可以望得见对面的城门楼。整个城市按四方形布置，如同一块棋盘，十分规整。

元大都是继隋唐长安城、洛阳城以后中国最后一座平地起建的都城，布局形制是按街巷制建造的。元大都水源充沛，水系和排水系统规划合理，利用城内河道和预建的下水道网，排水便利。道路系统和街坊划分布置得宜，反映了当时城市规划的先进水平，在中国城市建设史上占有重要地位。

元朝开凿自大都经通州、临清抵达杭州的大运河，南北经济联系加强；又分全国为若干行省，急递铺和驿站由大都辐射全国各地。这些措施为明清时期继承下来，奠定了600多年以北京为中心的统一国家帝都的格局。

考古发掘证实，元朝以来，北京的中轴线没有变，街道依然是元大都定下的九经九纬，纵横18条道路，北京的胡同也没有变，在今长安街以北、东直门（元崇仁门）至朝阳门（元齐化门）东西两道城门之间，等距离地布置着22条东西向平行的胡同，胡同之间的距离是相等的，都是79米，靠大街的头一条胡同宽一点，达100米。元大都中轴线上的街道都有统一标准，宽度为28米，其他主要街道宽度为25米，小街宽度为14米，火巷（胡同）宽度约6、7米。可见，相邻两城门区间内平列22条胡同，当是元大都城规划的统一格式。今北京东西长安街以北的街道，因同在元大都和明北平（北京）城内，所以改动不大，至今仍多保留。元大都城墙用土夯筑而成，外表覆以苇帘。由于城市轮廓方整，街道砥直规则，使城市格局显得格外壮观。

胡同，是北京的一大特色。胡同是一个出现在元朝的名字和产物，蒙古人把元大都的街巷，叫作胡同，在蒙古语中的意思是水井，也指"帐篷与帐篷之间的通道"。元大都是从一片荒野上建设起来的，在设计、规划和建造皇宫、街、坊和居住小区的时候，必须考虑水的来源，也就是井的位置，即"因井而成巷"。直到明清，每条胡同都有井。再从胡同的名字上看，数量最多的，是以井命名的，像湿井、甜水井、苦水井等不下四五十种。这说明，胡同与井是密切相关的。称为"胡同"的小巷，是成排四合院住宅院落之间的通道。

从忽必烈营造元大都算起，距今有近800年。当年元大都的建筑几乎都不存在了，但元大都并没有彻底消失，现在它仍鲜活地在显现在胡同里。

胡同，元朝的建筑元素，被元朝的开国皇帝忽必烈营造元大都时广泛地应用，式样和风格得以保留下来，街道和胡同都没有改变，它们还是原来的样子。北京长安街以北的每一条胡同都和这座800年的元大都有关，胡同，奠定了今日北京的基本风格、风貌。北京胡同的现实存在，标志着元大都的建筑特色也将一直留存在人们的生活中。

奇特罕见的广胜寺

广胜寺，位于山西省临汾市洪洞县城东北17千米的霍山脚下。广胜寺分上、下寺和水神庙三处。上寺在山顶，下寺在山脚。始建于东汉建和元年（147），原名俱庐舍寺，亦称育王塔院，唐朝改称广胜寺。唐大历四年（769），中书令汾阳王郭子仪撰置牒文，奏请重建。宋金时期，广胜寺被兵火焚毁，随之重建。元成宗大德七年（1303），平阳（今临汾市）一带发生大地震，寺庙建筑全部震毁。大德九年（1305）秋又予重建。

辽、金、元时期建筑的一个显著的特征，就是梁架结构多数采用减柱法、移柱法，由此扩大殿堂的使用空间。元朝更是大胆地减省木构架结构。元朝木结构大量使用大额枋构架、自然材和弯材，建筑外观呈现出粗犷的气势。此外，因为蒙古人喜欢白色，元朝建筑多用白色琉璃瓦，为一时代特色。

元朝时期的中国古代建筑体系有了一些新的变化，中亚各族的工匠也为工艺美术带来了许多外来因素，使汉族工匠在宋、金传统上创造的宫殿、寺、塔和雕塑等表现出若干新的趋

广胜寺

势。现存元朝的建筑广胜寺，既有唐宋遗风，又有金元时期特色的建筑风格，在建筑科学和结构力学方面，都有其独到之处。元朝使用辽朝所创的"减柱法"已成为大小建筑的共同特点，梁架结构又有了新的创造，许多大构件多用自然弯材稍加砍削而成，形成当时建筑结构的主要特征。

广胜寺下寺主要建筑有山门、前殿、后殿等，均为元朝建筑。下寺后殿内塑三世佛及文殊、普贤二菩萨，都是元朝作品。殿内四壁满绘壁画。1928年，寺内元朝壁画被盗卖境外。前殿壁画两幅现存于美国宾大考古和人类学博物馆；后殿壁画一幅存于大都会博物馆，另一幅存于纳尔逊·阿特金斯博物馆。

（1）下寺山门，亦称天王殿，门基建在4米多高的台基上，台基上建有殿基，殿宇就坐落在殿基上。殿身东西面宽3间，宽10.3米，进深2间，进深7.34米，单檐歇山顶，但主檐之下，前后檐加出雨搭，又似重檐楼阁，故前后面为重檐，侧面为单檐，檐下无廊柱，是别致而富于变化的外观，国内比较罕见。斗拱出昂（昂是中国古代建筑一种独特的结构——斗栱结构中的一种木质构件，是斗栱中斜置的构件，起杠杆作用，利用内部屋顶结构的重量平衡出挑部分屋顶的重量）明显，山门属于体型较小的古代建筑，因而与周围植物更能不分彼此地融为一体。

（2）下寺前殿，又称弥陀殿，长方形，平面广5间，宽18.91米，进深3间，进深11.18米，椽6架，单檐歇山顶。前殿立柱布局奇特，一周共有16根檐柱，根据殿内开间、进深、间架结构，应该有8根金柱，但这里减去了6根金柱，只有2根金柱。这种减柱法极大地扩展了殿内的空间和面积。

前殿仅前后檐柱头上设置了斗拱，斗拱布列有疏有密，但是结构比较简单。

前殿在梁架上使用大爬梁承重，形状如同人字横梁。而在次间与门楣间的柱子上，自斗拱上安置向上斜起之梁，如巨大之昂尾，其中段即安于大爬梁之上。梁架使用大爬梁、斜梁，改变了由平直梁承重的结构方式。中国古代建筑，历来梁架结构均用平置构材，而下寺前殿采用这么巨大的斜材来承重，非常罕见。其构造奇特，设计精巧，是前所未有的大胆创新。其殿内人字斜梁是国内古代建筑中罕见的实物孤例，也是下寺珍贵之处。

（3）下寺正殿，又称大雄宝殿，始建于东汉，毁于元成宗大德七年（1303）的山西8级大地震，元武宗至大二年（1309）重建。殿宽7间，深8架。元朝建筑风格鲜明：①殿内使用减柱法、移柱法，柱子分割的间数少于上部梁架的间数。所以梁架不直接放在柱上，而是在内柱上置横向的长11.5米大内额来承受上面两排梁架。殿前部为了增加活动空间，双双减去了两侧的两根柱子；②使用斜梁，斜梁的下端置于斗拱上，而上端搁于大内额上，其上置檩，节省了一条大梁。

通过上面的两个特点可以看出，元朝的建筑相比唐、宋的建筑，在结构上的处理显得更加大胆灵活。总的来说，这种大胆运用减柱法、移柱法和大圆木、弯梁，富含任意、自由、奔放的性格，具有元朝建筑的主要特点。

传统式梁架结构方法，主要是根据唐宋两朝的木结构建筑的结构式样而建的，代代相传且不断发展。广胜寺下寺后殿大内额梁架结构方法，是元朝木结构梁架中大量发展的一种结构方法，是元朝时创造出来的一种新的形式。

额，在汉至唐时期称楣，即屋檐口椽端的横板。隋朝以前的楣多压在柱顶上，承托斗拱和梁。隋唐时，楣开始用在柱头之间，插入柱身，并分上下两层，称为重楣。北宋《营造法式》称上层楣为阑额，下层楣为由额，阑额以上又平放一厚木板，称普拍枋。

大内额，就是在一座殿宇里不使用普拍枋和阑额，而是顺着房屋的长度架设一根粗壮的大圆木在檐下，下部支承木柱，非常简洁，上部排列斗栱。用它来承担上部梁架的一切重量。北宋《营造法式》中记述结构有"檐额"和"内额"的制度，但是在宋朝建筑实物中，还未发现这种例子。这种檐额和内额，总称为大内额。大内额的做法，除辽、金可见孤例外，大量建设的就是元朝。它是元朝木结构建筑的一种新方法。采用这种方法的特点是使檐下平柱可以向左右移动，不受间架位置的限制，或者减去不必要的平柱。大内额上排列斗栱自由，也不受固定位置的限制。在外观上有一条粗壮的檐额横亘在柱头之上，使殿宇建筑显得更加宏伟壮观。

总体来说，下寺建筑在建造上很有元朝特点，就是大量采用了不规则的木料。其建筑上的构件很多都是歪七扭八，曲里拐弯。建造寺庙的工匠们做到了因材施工，低了的地方就垫块木头，平直角度够不着的地方就斜着放，用这些不规则的木料来做到方正取直，展示了独到的建筑技艺。

下寺建筑的另一个特点就是，基本都不用补间斗栱（两柱之间斗栱）全是柱头斗栱（柱子顶端斗栱）。这种做法看着很复古，实则也很简练。这再次反映出建造下寺的时候，工程力求简单，不要繁复。元朝建筑的构架基本就跟明清时期相似，斗栱和各种昂的使用减少，大部分采用梁和立柱。

广胜寺各主要殿堂的这种营造方式，大大改进了我国寺庙建筑中单间单柱的格局，拓宽了殿内的活动空间，不仅满足了礼佛、参禅、诵经、祭祀的需要，而且突出了殿内塑像、壁画的佛教艺术效果，使建筑结构的有限空间与无限空间能有机结合，营造出强烈的宗教氛围。

总之，元朝建筑设计大胆，用材自然，不尚雕饰，表现为朴实、粗犷和豪放的整体美。虽然和前朝有差异，但是在中国古代建筑的发展史上是一脉相承、互相渗透的。元朝建筑在我国建筑史上起着承前启后的作用，既有宋、辽、金建筑的特点，也开启了后代明清建筑的变革。

1961 年广胜寺被评为首批全国重点文物保护单位。

中国古代建筑的最后辉煌——明清建筑

明清建筑，谱写了中国古代建筑史上最后的光辉篇章。明清两朝的许多建筑佳作在某些方面更趋完美，并得以保留至今，如京城的宫殿、坛庙，京郊的皇家园林，两朝的帝陵，江南的私家园林，遍及全国的佛教寺塔、道教宫观及民间住居、城垣建筑等。

明清时朝在建筑方面制定了各类建筑规则严整的等级标准。18世纪，中国建筑形成最后一种成熟的典型风格：重要的建筑装修、彩画、装饰日趋定型化、规格化。如门窗格扇等都已基本定型。彩画纹样庄严，构图严谨，配列均衡，如大木梁枋以旋子彩画为主要类型，而到了清朝，和玺彩画及苏式彩画等更有了大量的运用。砖石雕刻则吸取了宋以来的手法，比较圆滑纯熟，花纹趋向于图案化、程式化，如须弥座和阑干的做法。这种定型化、规格化有利于成批建造，加速建筑施工进度。建筑色彩因运用了琉璃瓦、红墙、汉白玉台基、青绿点金彩画等鲜明色调而产生了强烈对比和极为富丽的效果，这正是宫殿、庙宇等建筑所要求的气氛。因此，明清建筑显得雍容大度，严谨典丽，机理清晰，而又富于人情趣味。

在明清时朝，中国各少数民族的建筑也有了相当的发展，如对西藏的布达拉宫进行了大规模的修葺、扩展，修建西藏日喀则的札什伦布寺，以及云南傣族的广见缅寺、贵州侗族的风雨桥等，呈现了各少数民族建筑的群芳吐艳、异彩纷呈的现象。

紫禁城屹立六百年密码

紫禁城，明、清两朝中国皇宫，位于北京，辛亥革命（1911）

紫禁城

推翻清朝专制帝制以后被称为故宫。现在称为故宫博物院。故宫曾是 24 位皇帝（明朝 14 位，清朝 10 位）的故居，1912 年退位的溥仪，是中国的最后一位皇帝。

　　紫禁城，充满想象力和深远意义的名字。中国古代传说天神居住的地方为紫微宫，明清皇帝为了显示自己的权势和富贵，自称"天子"，便模仿天神住所的名字用其"紫"字；"禁"就是禁止，没有皇帝的允许，任何人都不能进出皇宫。皇帝将自己所在的行宫集群称为紫禁城，我们现在称紫禁城为"故宫"，意思就是这里以前是皇帝居住的行宫。

　　紫禁城是中国目前仅存的一座皇家宫殿建筑，整个宫殿规划设计严整，造型壮丽，功能完备，是院落式建筑群的最高典范。紫禁城是一座长方形城池，南北长 961 米，东西宽 753 米，四面围有高12 米，长 3 400 米的城墙，城外有宽 52 米的护城河环绕。紫禁城是世界最大皇宫，宫墙内的占地面积为 72 万平方米，现存建筑面积约

15 万平方米，有大小院落 90 多座，房屋 980 座，共计 8 704 间。

故宫宫殿建筑均是木结构、黄琉璃瓦顶、青白石底座，饰以金碧辉煌的彩画。是无与伦比的古代建筑杰作，也是世界现存最大、最完整的木质结构的古代建筑群。

紫禁城自 1420 年建立，大约 600 年里，紫禁城先后经历了 200 多场较大地震，居然每次都没有遭受到一丁点损伤。特别是 1976 年 7 月 28 日凌晨的河北唐山大地震，强度达里氏 7.8 级，震中烈度 11 度，震源深度 12 千米。唐山市在 23 秒内就坍塌成了平地，而距离震中 150 多千米的紫禁城，在短暂波动后，复归平静，令人惊奇。

2017 年 7 月，英国第四电视台推出一系列中国纪录片，其中一集《紫禁城的秘密》，详细讲述了这一伟大建筑奇迹的一系列秘密，并试图解开紫禁城屹立 600 年不倒的密码，实验结果震惊了整个西方世界。

在《紫禁城的秘密》一片中，故宫专家带着英国人一起做了个地震测试。按照 1∶5 的比例，以中国古代建筑榫卯和斗拱的结构，复制出一栋微缩紫禁城模型，并对它进行地震模拟测试。模型先从 4 级、4.5 级以及 5 级地震开始，每一次持续 30 秒，承重的斗拱受到拉扯，模型有了轻微的晃动。之后是 7.5 级，左右两面墙，再也无法支撑，于是轰然倒塌。接着是 9.5 级及以上，相当于 200 万吨 TNT 炸药的当量，摇晃更加剧烈了，但依然没倒。最后直接开始了 10.1 级的测试，整个模型持续而又剧烈的晃动，眼看着岌岌可危，仿佛下一秒就会坍塌，但它还是稳稳当当地立在原地，只是发生了轻微位移。这个地震实验，让西方世界目瞪口呆！

不可思议的斗拱和榫卯，显示了独特的中国古代建筑特色，不用一颗钉子、一滴黏合剂，只靠着罗列、嵌入等方式就能牢固组合。斗拱是悬挑结构构件；榫卯是连接形式。梁思成先生说："斗拱在中国建筑上的地位，犹柱饰之于希腊罗马建筑；斗拱之变化，谓为中国建筑之变化，亦未尝不可，犹柱饰之影响欧洲建筑，至为重大。"

斗栱，是中国建筑特有的一种结构。在立柱和横梁交接处，从柱顶上的一层层探出成弓形承重结构叫拱，拱与拱之间垫的方形木块叫斗，两者合称斗拱。它位于柱与梁之间，起着承上启下、传递荷载的作用。它向外挑出，可使建筑物出檐更加深远，造型更壮观。斗拱是榫卯结合的一种标准构件，是房屋抗震能力的关键所在，如遇地震，在斗拱的起承转合下，房屋都能松而不散，化解地震冲击。斗栱把屋檐重量均匀地托住，起到很好的平衡和稳定作用。中国古代工匠造诣非凡，平凡而伟大，仅仅运用了简单的斗拱，就使得中国的建筑充满生机，能把遭遇地震后的损失降低到最低点。

榫卯，一般指实木家具或木结构建筑中在相连接的两构件上所采用的一种凹凸处理。榫卯结合是抗震的关键，保证了建筑物的刚度协调。遇有强烈地震时，采用榫卯结合的空间结构虽会"松动"却不致"散架"，消耗地震传来的能量，使整个房屋的地震荷载大为降低，起到了抗震的作用。

斗拱和榫卯，是中国古代建筑的特色元素，它们异常坚固，又极富灵活性，木块牢固结合，又有松动的空间，各个部件相互摩擦、转动，抵消了强烈地震时产生的冲击力。

除此之外，中外学者还发现，故宫的柱子暗藏玄机，没有深扎地基里，也有一定的移动空间，这就避免了因折断而造成的整栋倒塌，哪怕强震，也只会令其轻微移动。中国古典建筑的屋顶，因斗拱，得以出檐深远、呼之欲出，中式家具、建筑，因榫卯，创造了一个浑然天成、天衣无缝的和谐世界。

正是这种"柔中带刚"的特点，造就了紫禁城建成600年仍屹立不倒的奇迹，而这也很好地证明了中国传统建筑的天才之处！

今天，故宫被公认为是中国乃至世界上最伟大的遗产之一。

世界遗产委员会评价：紫禁城是中国15世纪以来的最高权力中心，它以园林景观和容纳了家具及工艺品的9 000个房间的庞大建筑群，成为明清时期中国文明无价的历史见证。

麦吉尔大学教授罗宾·耶茨在BBC历史频道播放的纪录片中说："这座建筑至今仍然是中国人民及其伟大和光荣历史的象征。"

北京故宫被誉为世界五大宫之首：北京故宫、法国凡尔赛宫、英国白金汉宫、美国白宫、俄罗斯克里姆林宫。

世界五大宫

法国凡尔赛宫

凡尔赛宫是法国最宏大、最豪华的皇宫，是人类艺术宝库中的一颗绚丽灿烂的明珠。

凡尔赛宫位于巴黎西南18千米，1661年动土，1689年竣工，至今约有290年的历史。建筑群总长580米，包括皇宫城堡、花园、特里亚农宫等。占地面积111万平方米，其中建筑面积为11万平方米，园林面积100万平方米，以其奢华富丽和充满想象力的建筑设计闻名于世。

凡尔赛宫殿为古典主义风格建筑，气势磅礴，建筑左右对称，造型轮廓整齐、庄重雄伟，被称为是理性美的代表。正宫东西走向，两端与南宫和北宫相衔接，形成对称的几何图案。宫顶建筑摒弃了巴洛克（巴洛克是17和18世纪发展起来的一种建筑和装饰风格。其特点是外形自由，追求动态效果，喜好富丽的装饰和雕刻以及强烈的色彩，常用曲线穿插和椭圆形空间）的圆顶和法国传统的尖顶建筑风格，采用了平顶形式，显得端正、宏伟、壮观。宫殿外壁上端，林立着大理石人物雕像，造型优美，栩栩如生。它的内部陈设和装潢富于艺术魅力。500多间大殿小厅处处金碧辉煌，豪华非凡。内部装饰以雕刻、巨幅油画及挂毯为主，配有17和18世纪造型超绝、工艺精湛的家具。宫内还陈放着来自世界各地的珍贵艺术品，其中有远涉重洋的中国古代瓷器。

凡尔赛雕塑

凡尔赛宫及花园在1979年被列入《世界文化遗产名录》。

英国白金汉宫

最初称"白金汉屋"，1703年，由白金汉公爵兴建，位于伦敦威斯敏斯特城内。1761年转卖给英国王室后，几经修缮，逐渐成为英国王宫。1837年，维多利亚女王即位后，白金汉宫正式成为王宫，此后白金汉宫一直是英国王室的府邸。现仍是伊丽莎白女王的王室住地。女王召见首相、大臣，接待和宴请外宾及其他重要活动，均在此举行。

白金汉宫是19世纪前期的豪华式建筑风格，主体建筑为五层，附属建筑包括皇家画廊、皇家马厩和花园。白金汉宫外部的建筑材料为巴斯石灰岩，内部则以人造大理石和青金石为主，其他建材为辅，打造出专属白金汉宫的华丽堂皇。宫内有典礼厅、音乐厅、宴会厅、画廊等600余间厅室，宫外有占地辽阔的御花园，花团锦簇。直到今天，英国女王的重要国事活动都在该宫举行。来英国进行国

白金汉宫

事访问的国家元首也在宫内下榻，王宫由身着礼服的皇家卫队守卫。

白金汉宫的广场中央耸立着维多利亚女王镀金雕像，手持权杖有天使的象征；这里也是皇家禁卫军换岗典礼的场所。当皇宫正上方飘扬着英国皇家旗帜时，就表示女王仍在宫中。

美 国 白 宫

美国白宫是总统居住和政府办公的地方。白宫的基址是美国开国元勋、第一任总统乔治·华盛顿选定的，始建于1792年，1800年基本完工，设计者是著名的美籍爱尔兰人建筑师詹姆斯·霍本。但当时并不叫白宫。1812年英国和美国发生战争，英国军队占领了华盛顿城白宫后，放火烧了包括美国国会大厦和总统府之类的建筑物。过后，为了掩盖被大火烧过的痕迹，1814年总统住宅棕红色的石头墙被涂上了白色。1902年西奥多·罗斯福总统正式命名为"白宫"。

白宫坐南朝北，共占地7.3万多平方米，分为主楼和东西两翼三部分组成，主楼宽51.51米，进深25.75米。东翼供游客参观，西翼是办公区域，总统的椭圆形办公室位于西翼内侧。主楼底层有外交接待大厅，厅外是南草坪，来访国宾的欢迎仪式一般在这里举行。主楼的二层是总统家庭居住的地方。主楼中还有金、银、瓷器陈列室，以及图书室、地图室，里面藏品颇丰。

白宫是一幢白色的新古典风格砂岩建筑物，20美元纸币的背面图片就是白宫。因为白宫是美国总统居住和办公的地点，"白宫"一词常代指美国政府。

俄罗斯克里姆林宫

克里姆林宫曾是历代沙皇的宫殿、莫斯科最古老的建筑群。克里姆林宫的"克里姆林"在俄语中意为"内城"，在蒙古语中，是"堡垒"之意。克里姆林宫整体呈不等边三角形，面积为27.5万平方米。始建于1156年，尤里·多尔戈鲁基大公在其分封的领地上，用木头建立了一座小城堡，1367年在城堡原址上修建白石墙，随后又在城墙周围建造塔楼。15世纪用砖砌宫墙保留至今。宫墙全长2235米，高5～19米不等，厚3.5～6.5米，共四座城门和19个尖耸的楼塔。1935年在斯巴斯克塔、尼古拉塔、特罗伊茨克塔、鲍罗维茨塔和沃多夫塔等塔楼各装有大小不一的红宝石五角星，红光闪闪，昼夜遥遥可见。现在的红场是1485—1495年兴建的。克里姆林宫的建筑形式融合了拜占庭、俄罗斯、巴洛克和希腊罗马等不同风格。之后，这里成了俄罗斯政府的代称。

北京故宫 1961 年被列为第一批全国重点文物保护单位，1987 年被列为世界文化遗产。

中国国家建筑的文法课本——《工程做法》

《清工部工程做法》和北宋李诫《营造法式》，是中国古代由官方颁布的关于建筑标准的仅有的两部古籍，在中国古代建筑史上有着重要地位，著名建筑学家梁思成将此两部建筑典籍称为"中国建筑的两部文法课本"。所谓建筑文法课本，就是在中国古代建筑体系中，建筑布局、手法、技艺、材料等，如同每一种的语言文字一样，都必然有需要遵守它的特殊"文法""词汇""规则"。

中国建筑发展到明清时期，在官式建筑方面已经高度标准化和定型化。清朝政府于 1734 年颁布的《工程做法》（又称《清工部工程做法则例》），对建筑制度做出严格的规范化和制度化，此后的官式建筑均需依照《工程做法》建造。全书共 74 卷，2 768 页。内容大体分为各种房屋营造范例和应用工料估算限额两大部分，对土木瓦石、搭材起重、油画裱糊、铜铁件安装等 17 个专业，20 多个工种都分门别类，各有各款详细的规程。规定把所有官式建筑分成 27 种不同格式的建筑物，每一种格式房屋的大小、尺寸、比例和构件都固定不变。这种做法在施工中固然方便，却缺乏灵活性。但聪明的建筑匠师们利用这种成熟和定型的做法，妥善而巧妙地完成了明清皇宫、坛庙和园囿的建筑设计，遗留下来例如北京故宫、天坛和颐和园等一系列优秀的建筑群。

《工程做法》既是工匠营造房屋的准则，又是验收工程、核定经费开支的明文依据。其应用范围包括营建宫殿、坛庙、城垣、王府、寺观、仓库的建筑结构及彩画裱糊装修等工程，起着建筑法规监督限制作用。

中国封建社会里，房屋建筑间数多少，标志着使用者的身份地位。清朝宫殿建筑以九五间数为尊，宅第民居，多不过三间，或三间两耳，一正两厢。《工程做法》规定了各间房屋的名称。以 5 开间为例，中间 1 间为明间，靠近明间的左右 2 间称为次间，左右两端的 2 间称为梢间。房屋的宽度明间最大，依次递减，或者一概相等。建筑物间数一般取单数，如 1、3、5、7、9 间，极少使用双数。书中所编各例，多属单体建筑，以长方形为主，宫殿和民居通用，形成一种常行格式。

《工程做法》规定了官式建筑设计中的基本权衡计量单位（相当于现代用米、厘米），就是"斗口"，又称"口数"或"口份"。"斗口"制，是清朝用来控制房屋规模和大式建筑大木做法等的权衡尺度；是作为建筑权衡的标准计量单位。与宋朝制定的"材份等级"制不同，清朝"斗口"是在宋制八等级基础上进行了改良。斗拱最下层构件大斗面宽方向的刻口称为斗口。在已经标准计量化的中国古代建筑中，斗口是带斗拱建筑各部位构件的基本计量单位，斗拱最下层构件大斗面宽方向的刻口称为斗口，规定斗拱斗口宽为 0.6 营造尺（约为 19.2 厘米），作为一等材的标准尺度计量单位，以后各等级之差均为 0.5 寸（约为 1.67 厘米），作为下一个的材料等级，并由宋制八等材增为十一等材。这显然比宋朝有了进步：清制"斗口"比宋制"8 等材制"更为精密，其中斗口宽相对于宋制材厚，将宋 4、5 等级进行了合理调整。"斗口"的使用，进一步简化宋制"材、栔、份"的换算，使其计算更为直观和便利。

清朝"斗口"等级虽多，通常应用却未必如此。至今为止，还没有看到 1 ~ 4 等的大型斗口实物，10 等和 11 等的小型斗口仅见于牌楼和琉璃门。常用的斗口为 6 ~ 8 等。用材普遍缩小，是清朝斗拱的特点。

按照《工程做法》规定大到地盘布局、间架组成格式，小至部件径寸大小、卯眼出入搭接长短，多用"斗口"表示。按照所选口分尺寸，大致可以求得整个建筑的主要尺寸。根据构造要求，另有固定的辅助数字，配合"斗口"数，作为调整局部尺寸之用。

明清时期木结构建筑，以大木作为主，石、瓦、土工安磉（即盖造房子打地基时先安放石础，奠基的意思）筑基，台明（中国古代建筑都是建在台基之上的，台基露出地面部分称为台明）方广，都以大木作地盘布局为依据。彩画油饰之工，清朝大都继承明朝的做法，变化不大。

《工程做法》在总结前朝传统经验成果的基础上，定出一代营造准绳，但对工匠的操作技术，往往并不加以记载如大木放线方法（所谓放线，就是将设计图纸的尺寸按照图示尺寸，照搬到地面上，整个工程的尺寸是否按照设计图纸尺寸施工，关键在于放线），柱木侧脚、生起之制，见

颐和园

于清朝的建筑实例很多，而在本书中则没有记载。

最有代表性的建筑就是颐和园，完全是按照清工部颁布的《工程做法》的法式建造的。颐和园始建于 1750 年，后遭英法联军焚掠，重建于 1886 年。《工程做法》颁行于 1734 年，可知官式建筑的皇家园林颐和园，就是按《工程做法》建造的。

《工程做法》是自宋朝《营造法式》以后历经元明两朝建筑、施工及管理等经验成果的又一系统总结，因此在我国建筑史上都将这两部专著看作是研究、了解中国古代建筑形制及演变的仅存文献。

中国砖石建筑的杰作——无梁殿

中国拱券砌筑技术运用到地面建筑可以居住或使用的结构上来，始于魏晋用砖砌佛塔。筒拱东汉时已用于拱桥，宋朝用于城墙水门，南宋后期用于城门洞。明朝砌砖技术的大发展，在中国佛寺的建筑中，出现了完全不用木料，以砖砌拱券为结构的房屋，上加瓦屋顶，仿一般房屋形式，俗称"无梁殿"。例如，山西太原永祚寺，山西五台山的显庆寺、江苏苏州的开元寺、南京的灵谷寺、宝华山等。这种

灵谷寺无梁殿

结构，都是用一个纵主券和若干个横券相交，或是用若干个并列的横券而其间用若干次要的纵券相交贯通。

无梁殿的出现同它的防火、坚固耐久的特点有关，此外还与制砖技术提高、产量增加、砖价降低，以及砌拱券技术提高到已能砌筑10米以上的大跨度的拱券。

无梁殿是我国砖石建筑的杰作，它不用寸木只钉，无梁无柱，为券洞式，全部用砖石垒砌而成。无梁殿的建筑形式流行于明朝，由于工程技术复杂，建筑年代久远，国内留存至今的实物不多。现存的无梁殿都是明朝建造的，而最早的一座便是南京灵谷寺无梁殿。是建筑形式最大、保存最完好、最为坚固和雄伟的一座无梁殿。

南京灵谷寺无梁殿，位于南京市区钟山东侧南麓，建于明朝洪武十四年（1381），因为整个建筑全部用砖垒砌，没用一根木梁、木柱和钉子，故称为无梁殿又因为殿中供奉无量寿佛，因此也被称为无量殿。

南京灵谷寺无梁殿，建筑年代之久远、气势之宏伟、结构之坚固、规模之宏大，堪称国内同类建筑之最。该殿坐北朝南，前设宽敞的月台，东西阔5间，长53.8米，南北深三间，宽37.85米，殿顶高22米。该殿为重檐歇山顶，上铺灰色琉璃瓦。殿顶正脊中部有三个白色琉璃喇嘛塔，正中最大的琉璃塔的塔座是空心八角形，与殿内藻井顶部相通，可向殿内漏光，这种做法在中国现存的古代建筑中难得一见。

该殿是砖砌拱券结构，东西向并列三个拱券，中间拱券最大，跨度达 11.5 米，净高 14 米，两侧的拱券稍小，跨度为 5 米，高 7.4 米。殿墙采用明朝大砖砌筑，该殿前后檐墙各设 3 道门，前檐墙拱门两边各有 1 窗，两侧墙各设 4 窗，门窗也采用拱券形式。前后檐墙厚近 4 米，结构简单，但却十分牢固。

拱券是一种建筑结构。简称拱，或券，又称券洞、法圈、法券。它除了竖向荷重时具有良好的承重特性外，还起着装饰美化的作用。其外形为圆弧状，由于各种建筑类型的不同，拱券的形式略有变化。

无梁殿建筑在发展过程中受木构建筑的影响日渐显著，主要表现在外观、细节装饰的模仿上。明朝初年无梁殿外墙面上平整简洁，明中叶以后则每一开间均砌出半圆壁柱，上有仿木额枋样式、砖雕及其他细部装饰。

南京灵谷寺无梁殿，历时 600 余年风雨硝烟，仍岿然不动，彰显了中国建筑技术的创新和完善。

中国古代建筑的史诗巨著——《鲁班经》

中国古代讲述建筑技术、看风水并选择吉日吉时，而将二者融为一体的著作极少。宋初木工喻皓曾作《木经》，但早已失传，只有少量片段保存在沈括的《梦溪笔谈》里。唯独明朝的《鲁班经》，是流传至今的一部民间建筑和木工营造的专用书。虽说起源于民间，但却扬名于宫室的《鲁班经》，不仅是一本古代建筑修建、家具制造的全程指导性参考用书，还真实地还原了中国古代"人与自然相融合"的伟大建筑思想，堪称中国古代建筑的史诗巨著。

《鲁班经》是一本以鲁班名字命名的建筑类书籍，原名《工师雕斲正式鲁班木经匠家镜》或《鲁班经匠家经》，午荣编，是由明朝官方负责编汇的木工业务用书。

《鲁班经》

内容包含了建筑与家具两部分，是建筑的营造法式，是家具设计与家具制作的法规。

该书并不是鲁班所写，称为《鲁班经》，因为鲁班是中国古代建筑技艺与建筑文化的象征，以鲁班作为书名，是对书中内容的自信和重视，也是对鲁班的尊敬。

《鲁班经》集房屋营建、木工操作、家具制造、日用器物摆放之技术性的知识和木匠施工的吉凶祸福、风水咒符、阴阳五行等内容为一体，并总结了自春秋以来，经战国、秦汉、魏晋南北朝、隋唐及宋元各时期，2000多年来历代工匠关于建筑设计与实践。民间建筑包括框架结构的宫殿式、钟鼓楼式、祠堂式、庙宇道观式等。其家具形式多达30多种。因此，本书不仅是一部稀世罕有的中国古代建筑文化奠基之作，是木匠的全程"操作指南"，也是研究我国传统建筑和家具的实用经典书籍。

《鲁班经》共分4卷，有图1卷，文3卷。

第1卷，前文后图，以韵文口诀和诗歌的形式，叙述了堂屋、小门、门楼、厅堂以及王府宫殿、寺观庙宇、祠堂凉亭等各种建筑的建造法，并介绍了木匠从伐木备料、起工破木到动土平基、画样起屋、上梁拆屋以及砌地面等做工时应遵循的法则和注意事项，同时还介绍了鲁班尺、曲尺的规格、图式和使用方法。

第2卷，前文后图，介绍了建造仓廒、殿角、钟楼、桥梁、牛栏、马厩、猪栏、鸡鸭鹅栖等附属建筑的方法和注意事项。另外，有涉及家具和木器制作的内容，共有34条。

第3卷，上图下文，介绍了建造房屋朝向、选位吉凶图式72例，大多与房屋营建的迷信活动有关。其构成都是一张图附加一首诗的形式，图是画了房屋的形状和位置，诗则是对所画各种房屋形状和位置的解读，图文并茂，阅读起来非常清晰。

第4卷，是附录，介绍了一些符箓（道教中的一种法术，亦称"符字""墨篆""丹书"）、咒语和许多镇物（亦称避邪物，中国民间信仰习俗。指用于镇墓、镇宅、镇鬼祟等民俗品物）图形的应用。

中国古代是以木构作为建筑结构主体，木工是建筑工程的主要工种，建筑的尺度（开间、进深、举高）由木构决定，施工进度视木构主体工程的工序来安排，测量标高、定平定位，都由木工掌握，因而木工就获得了主导地位，成为建筑工程的施工队长。《鲁班经》就是给这样一个施工队长身份的木工所用的手册性的汇编，其中列举了当时认为工程过程必须知道和应该注意的事项。

《鲁班经》对技术知识的介绍比较笼统，但从书中可以了解到古代建筑工匠的业务职责和范围，建筑房舍的施工工序，一般建造时间、方位，常用建筑的构架形式、名称，一些建筑的成组布局形式和名称等。《鲁班经》所介绍的建造形式、做法，在东南沿海各省的民间建筑中，至今仍可看到某些痕迹。鲁班真尺的运用方法，工匠仍在遵循使用。

《鲁班经》的主要流布范围，大致在安徽、江苏、浙江、福建、广东一带，这一地区的明清民间木结构建筑以及木装修、家具，保存了许多与《鲁班经》的记载吻合或相近的实物，甚至保存若干宋元时期的手法、特点，证明它流传范围之广，以及在工程实践中的规范作用。

世界造园学的最早名著——《园冶》

中国的园林艺术有着 3000 年左右的悠久传统，到了明清时期已经成熟，并且出现了总结造园经验的专书。这一时期，江南地区的商业和商品经济有了更进一步的发展，产生了资本主义萌芽的若干因素。当时不少城市兴盛繁荣，一些官僚豪绅、豪商巨贾纷纷兴建园林来作为一种生活享受。尤其是南京、苏州、杭州、扬州、常熟、松江和嘉兴等经济发达地区，更是掀起纷纷建造私家园林的热潮，计成的《园

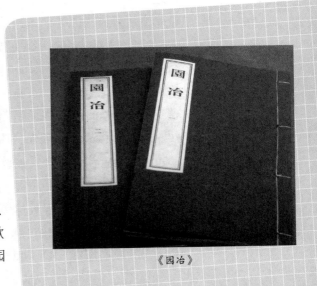

《园冶》

冶》一书正是在这种背景下写成的。

明清时期的造园达到极盛,造园师功不可没。造园师不单是工匠,更必须是文化造诣与美学造诣都达到顶尖水平的文人。明末江苏吴江的著名造园师计成,就是这样一位杰出文人。他在成为一位名扬四海的造园师之前,首先是一个出色的画家,最爱关仝和荆浩的云山烟水、气势雄浑的笔意,作画时常常师法他们。少年时期的计成就以擅画而闻名乡里,他骨子里对新鲜奇特的东西很有兴趣,后来他离开家乡,游历了北京、湖南、湖北等地的名山大川,中年的时候返回家乡,最终定居镇江。计成的外出经历丰富了他的创作思想,并立志开创立体的山水艺术。

天启三年（1623）,计成到武进（今常州市武进区）为罢官文人吴玄造园,将传统的山水画记,综合了文论、诗论及地方民俗、历史文学、园学工程技术熔铸一炉,营造了一处精巧的人间仙境,名为"东第园"。园林建成后,吴公高兴地说:"从进园到出园,虽然只有四百步,但我自以为江南胜景尽收于我们眼底了!"从此,计成名声大振。计成先后设计建造了常州的"吴园"、扬州的"影园"、仪征的"寤园"。中年的计成,用文字、图样把造园的方法记述下来,崇祯四年（1631）写成了世界上第一部系统研究总结古典园林设计建造理论的巨著《园冶》,崇祯七年（1635）刊行。这部著作的问世被研究者推崇为园林艺术这个独立门类诞生的标志。

《园冶》的书名,就是园林设计建造的意思,全书文字优美,富有诗意。全部文字约 18 000 字,各类插图 253 幅,分为三个部分:第 1 卷兴造论有 6 篇,园说、相地、立基、屋宇、列架、装折;第 2 卷专门论述栏杆;第 3 卷是门窗、墙垣、铺地、掇山、造石、借景,共 6 篇内容;最后是附录,国外的中国式古典园林。这是中国第一部园艺专著,流传至今,被尊为中国造园史上的至宝。

第 1 卷的"兴造论"是全书总纲,讲述造园指导思想和基本原则,强调造园重在表现天然美意境,以达到"虽由人作,宛自天开"的最高境界,就是师法自然、接近自然天成的样子,是《园冶》艺术境界的核心所在。这一思想已经成为中国园林学思想的重要组成部分。

"园说"篇，论述了园林规划设计的具体内容及细节，阐明园林用地、景物设计和审美情趣。古代建造园林，不是在建造一座生硬的建筑群，而是在造一个天人合一的生命体。园林风物建筑，杂糅了造园师的人文品格态度，一个园林就是一个人生动真实的精神世界。

"相地"篇，是说园林的总体布局。在建造园林宅院之前，有个必不可少的准备工作就是相地：踏勘选定园址，对整体布局有个大致的规划，在此基础上构筑成园。具体提出了选择厅堂、楼阁、门楼、书房、亭榭、廊房、假山七类建筑位置要注意的事项及相互关系。强调要先研究地貌特点，巧用自然地势，因地制宜，因形制利，节省人工。

"立基"篇，凡为园里建筑物选择地基的时候，都应把厅堂作为整个园林的主体建筑物，还要把便于从此观景作为重要标准，来确立厅堂置于何处。

"屋宇"篇，是讲园林建筑要"按时景为精"，列举了几种常用的平面形式、梁架构造及施工方法。比如，书房应该建在园中偏僻的地方，并且要能方便地通向景区，并且让游人不知道还有书房小院。在书房院内构建斋、馆、房、室，借用外景，自然安静而幽雅，深得山林之乐。书房庭院中最相宜的造景，是在窗下用山石围成水池，凭栏俯瞰窗下，似有涉身丘壑，临水观鱼的意味。书房的建筑，斗拱最好不加雕饰，门枕（附着于下槛，用于承接大门门轴的石构件或木构件）也不必镂成鼓状，款式只要典雅、朴素、端庄即可。彩画应该在木色上涂淡雅的青绿色。总之，屋宇的结构和造型应该符合主人的志趣，摒弃那些平常俗套。所以园内的书房多建成堂、亭格式，堂，似乎洋溢着圣人高山景行的品德；亭，则仿佛代表着贤者著书立说的淡泊情怀，这种人格意味的赋予，其实也寄寓着计成身为一个文人造园师的梦想。

又比如厅堂，江南园林里多是楠木厅，主人用来会客、雅集，然后围绕着厅堂再来规划楼、阁、廊、榭、斋、馆、亭、台。植物的形态富于生命力，比如亭榭在花木的衬托下可以自成一景，沿着灰墙种植藤萝，可以让人眼前一亮，看书看累了，走进一片松林，涛声郁郁，松香阵阵，赏心怡神。亭是"停"的意思，就是让人休息、观景的地方，计成有一个原则：开林造景要审察园林的艺术主题和用途，架设屋宇要方便观赏时景。

"列架"篇，讲述屋内的梁架结构。古时候房子的木质结构都会在两步柱中间架上大梁，能减少房中柱子数量，在梁上立上童柱，童柱上面再架上小栌梁，小栌梁上又立童柱，在柱子的尽头架上檩，架上一条檩就是一架。

"装折"篇，提出园林建筑装修不同于一般住宅，它要求在变化之中有条有理，要灵活运用，相间得宜，错综得体。保证庭院的形状既方正整齐，又不显得生硬呆板。

第二卷"栏杆"，栏杆是把人和环境联系起来的一种重要工具，它让人在室外倚栏观景，是人与自然进行心灵对话的桥梁和依托。计成在园林的栏杆设计上既煞费苦心，又主张栏杆装饰以简单为雅，并在自己设计的上百种栏杆纹样图案中选择了一部分附于篇后。

第三卷中的一、二、三篇分别讲述门窗、墙垣、铺地的常见形式和做法，并附图样。在园林中铺路，他会在太湖石周围用瓦片铺出水波纹地面，引起人们对湖水岛屿的联想；要么用破方砖绕梅树铺成冰裂纹的地面，似梅花绽放在冰天雪地之间。简单的一个铺地，既考虑交通道路性质，又着重景观价值；既作为牵引人们观赏景色的工具，也要使它和园中的景色搭配，和周围的环境协调，达到"出人意料，入人意中"的效果。

第四篇掇山，被世人公认是造园的精华所在，分为园山、厅山、楼山、阁山、书房山、池山、内室山、峭壁山、山石池、金鱼缸、峰、峦、洞、涧、曲水、瀑布等节，讲叠山的施工程序、构图经营手法和禁忌。中国古典园林从皇家宫苑到私家园林，到处都有假山的身影，可谓无园不石，无石不园。那些被精心搜集用以叠山的石头，在园林中有了生命力。

第五篇讲选石要领，计成总结自己的"选石"经验，详细阐述了前期对假山的设计构想，如何挑选石头的大小、形状、纹理、色泽等，认为苏州洞庭西山的太湖石最好，其次有江苏宜兴石、昆山石、镇江岘山石、六合灵岩石、南京龙潭石和青龙山石、安徽灵璧石、巢湖石、宁国宣石、九江湖口石和广东英德石等。书中认为很多成功的假山作品都是从选石开始的，还说到清朝初年扬州的名画家石涛和尚就是选石、叠石作山的高手，他利用扬州盐船从外地返航时所带回的小石料堆砌假山，有时甚至要用上万块石料才能叠成一座假山。所以，他造的园林博得了"万石园"的称号。计成还强调，园里的石头和植物就近取材即可，没有必要花大价钱远求。

第六篇讲借景，他认为这是园林艺术最为关键的地方，要充分运用远借、邻借、仰借、俯借、应时而借的借景方法，把建筑、绿化、山石、水池等与自然环境结合在一起进行布局建构，取景应不拘于远景近景。凡是眼睛能看得到的地方，遇到俗不可耐的场景就屏蔽、遮挡，遇到美景就收入园林中，无论远处的郊野山林、寺庙建筑，还是村庄，都可当作园林烟云袅袅的一处风景。使得园内园外景色融为一体，由此真正体现园林的天然之趣。

除了对园林设计、施工等作了详细的论述之外，计成在《园冶》中还反复强调造园师地位的重要性，他认为，造园师在园林艺术的成就里起到九成作用，而工匠则只占十分之一。一个优秀的造园师必须持有高度的文化造诣与美学造诣，充满诗情画意，才能让山水小景跃然纸上，才能亲手去让那些自然山水变成园林景色。

计成是一个书画家，是一个文人，是一个造园师，更是一个造梦师。《园冶》中计成描绘出的一幅幅美丽园林图画，依稀之中，就好像人站在楼阁上，慢慢地展开了一幅鲜活的山水画卷：自近山望远山，意境绵邈旷远；遥望祥瑞的光气、青色薄雾升腾回旋，鹤声呜呜似在呼唤淡泊，回归山野；逶迤曲折的围墙时隐时现，一湖春水纯洁透明，长长的桥横卧在水面上；早晨炊烟四起，晚上牧童回归，体味到了"采菊东篱下，悠然见南山"的陶然；一个稚气未脱的小儿在池边专心致志地学钓鱼，描绘、打造了一个个天人合一、物我天外的绝美梦幻景色。

计成超凡脱俗地认为：人是微不足道的，来到这个世上也不过就是几十年的时间，对人对事不必太过纠结，如果能住在自己的园子里，小狗从篱笆下的洞孔里活泼泼地钻进来，陌生的游人忽然之间看到园子，逛进来，花开的香气，空中传来的梵音，这些都足够荡涤人心，引领你步入一个更加舒展开放的状态，于是你才明白坐拥园林的妙处。

计成的《园冶》书成之后的 300 年间，在中国几乎是无声无息，无人知晓，甚至已经见不到书的踪影了，只有明末清初的文学家、戏曲家李渔有一次提到过它。好在《园冶》一书已经东传到日本，并且很受欢迎，甚至成为教科书。1930 年，中国营造学社创办人朱启钤先生在日本发现《园冶》抄本，后来将它整理、刊行，《园冶》才重新回到国内，计成这个千古一流的造园师以及他的造园艺术，才终于被人们所知晓。

《园冶》一书，不但影响我国，东渡传播到日本，甚至远达西欧，《园冶》曾被日本园林学界推崇为世界造园学的最早名著，被日本宫廷评价为"开天工之作"，被欧美国家奉为"生态文明圣典"。它不仅展现了中国古代造园艺术的高度，而且现在已成为我国研究造园史、建筑史以及今后造园设计和园林建筑实施的唯一可供借鉴的形制参考书。

五岳第一庙

号称"五岳第一庙"的，就是位于陕西省华阴市城东五里处的西岳庙，庙占地面积约达 119 880 平方米，是"五岳"中建筑最早和占地面积最大的庙宇。

西岳庙位于陕西省华阴市区东约 1.5 千米的岳镇东端，西岳庙是历代帝王祭祀西岳华山神的专用场所，建筑始于东汉桓帝延熹八年（165），曾称为"西岳华山庙""金天王神祠""华岳庙"等。明朝始称"西岳庙"，遂成定制，沿用至今。由于西岳庙自创建开始，就具有皇家色彩，所以形成了在中国历史上，尤其是建筑史上的特殊地位。

虽然伴随历史变迁，几经人为、战乱而造成的焚烧及自然灾害的破坏，现仍保存有金城门、棂星门、石牌楼、牌坊、灏灵殿、碑楼、御书房等古代建筑多处，以及各类具有较高文物价值的碑碣50余通。

西岳庙

现在的西岳庙，是明清建筑风格的宫殿御苑式古代建筑群落，其轴线与华山主峰形成一线，布局为坐北向南长方形的重城式大庙，朝向华山主峰，主要建筑沿着南北轴线左右对称。四周城墙建于明朝，高10米，南北长525米，东西宽225米，周长1 825米。整个西岳庙布局严谨，内城外郭，一条中轴线贯穿南北，形成重城式多单元的空间结构，亭、堂、楼、坊相错其间。

灏灵殿

西岳庙建筑群前后分为六个空间，在由北至南的中轴线上依次排列着灏灵门、五凤楼、棂星门、金城门、灏灵殿、寝宫、御书楼、万寿阁。

第一个空间为五凤楼，即入口部分，主要建筑有木牌楼、琉璃照壁、灏灵门、石栏杆围成的棋盘街、石狮子等。灏灵门是明朝修建的，上有"敕修西岳庙"五个大字，下有石制须弥座，与北京午门相似，可惜原来的雕刻都已毁掉了。明朝认为华山神法力无边、神通广大，将其视为万能之神，"灏灵"两字，也彰显了人们对华山之力的崇拜。

棂星门正门

金城门

第二个空间为五凤楼后面的院落，当年主要是矗立碑石的地方，各朝石碑林立左右，篆、隶、草、行琳琅满目，曾被誉为陕西的小碑林。

第三个空间即棂星门到金城门之间的院落。主要建筑有棂星门、明朝"天威咫尺"石牌楼以及金城门等。棂星门取灵星之意。灵星原为管理天田的神，祭祀它以祈五谷丰登。后来又称其为文曲星，所以孔庙之门亦以此为名。西岳庙里此门形如窗棂，就改"灵"为"棂"。棂星门是一座7开间过街牌楼式的大门楼建筑，主体3间为高大的木结构琉璃互单檐歇山顶楼，整体外观如同一座雄伟壮丽的七楼八柱型牌楼。其精妙之处是斗拱密布，在较长的拱头昂首上雕刻精致的九条龙头，两条斜出，七条面向前方。九龙里面，两龙闭口，七龙张口，九代表皇权，表示处于京城以外的皇帝祭祀的西岳庙属于二等庙，而京城一等庙九龙全张口，上下、高低等级的差别十分鲜明。

"天威咫尺"石牌楼，明万历年（1573—1620）所建，结构为4柱3开间5楼，是庙里石牌中最大、保存最完好的一座。所刻图案既繁多又精美，且运用圆雕、浮雕、线雕、透雕等各种技法，几乎将中国古代传统中象征吉祥如意的动植物采用殆尽，其艺术价值之高令人惊叹。

金城门，为六椽屋琉璃瓦、单檐歇山顶、带回廊的殿堂式木结构建筑，是西岳庙现存的第二大建筑物。其面宽5间，进深3间，斗拱自成体系，用材硕大，布局疏朗，且每朵独立，叠摞而上，整个建筑古朴宏丽。金城门北有金水桥，为明朝所筑，由三个拱桥组成，桥之栏板望柱上雕有形态各异的石狮和各种名贵花卉，雕工精致细腻。

第四个空间的主要建筑有灏灵殿等。灏灵殿为西岳庙的正殿，现存建筑于同治年间（1861—1875）修建，是一座具有68大柱、9大梁、10大檩的琉璃瓦单檐歇山顶建筑。灏灵殿屋顶不是庑殿顶的最高等级，但其面宽7间，进深5间，周有回廊环绕，飞檐高耸，斗拱密布，整个建筑坐落在用石条砌成的"凸"字形座式月台上，建筑规制可不一般，仍属不同寻常，具有皇家的大气。

第五个空间的主要建筑有御书房等。御书房是供放皇帝书的地方。其建筑为琉璃互重檐歇山顶木结构的阁楼建筑，面宽5间，进深3间，周有回廊。为乾隆四十二年（1780）所建。

第六个空间的主要建筑有万寿阁、游岳坊、望河楼等。万寿阁在庙的最后方，是庙的制高点，为明神宗万历年间所建。阁分三层，登楼顶可遥望黄河，故又称望河楼。游岳坊在万寿阁后，琉璃互单檐歇山顶建筑，面宽3间，进深3间，系乾隆四十年（1775）华阴县令陆维垣所建。

西岳庙建筑组群这六个空间相互衬托，协调对比，形成一个不可分割的整体。西岳庙建筑组群在建筑布局上，把直轴、曲轴、竖轴、虚轴综合运用，创造了庄严肃穆的祭祀建筑气氛，突出了主题。整个建筑呈现前低后高的格局，气势恢宏、布局严谨，内城外郭，一条中轴线贯穿南北，形成重城式多单元的空间结构，亭、堂、楼、坊交叉点缀其间，成为仅次于京城皇宫坛庙一级祭祀的建筑，其富丽堂皇实是北京故宫的缩影，充分显示了中国古代建筑艺术的精髓。

清乾隆年间，西岳庙仿照北京故宫的建筑格局进行修葺，因此也被称为"陕西小故宫"。在西岳庙南侧，有一座影壁，周围是石栏杆，体现了西岳庙作为皇家庙宇的地位。仔细看地面，两种颜色的砖形成了"棋盘"一样的道路，在全国众多庙宇中，只有西岳庙有"棋盘街"。历史上曾有 56 位帝王到华山巡游或举行祭祀活动。

1986 年 6 月，西岳庙被列为国家重点文物保护单位。

苏州园林甲天下

中国古典园林已有 2000 多年的历史，具有很高的艺术水平和独特风格。

明清时期是我国园林艺术的集成时期。此时，除建造规模宏大的皇家园林之外，同时封建士大夫为了满足家居生活的需求，在城市中，大量营造了颇具山林之趣的宅园。

明清时期建造的大型皇家园林有北京的圆明园、颐和园，河北承德的避暑山庄。其中圆明园被称为"万园之园"，是世界园林史上的一大奇迹。可惜，在 1860 年 10 月 6 日被英法联军洗劫、焚毁。

明清时期南方私家园林的发展也特别兴旺，尤其是苏州，私家园林更为发达。

苏州古典园林简称苏州园林，是指中国苏州城内的园林建筑。素有"园林之城"之称，享有"江南园林甲天下，苏州园林甲江南"之美誉，誉为"咫尺之内，再造乾坤"。

圆明园遗址

避暑山庄

苏州古典园林以私家园林为主，起始于春秋时期吴国建都姑苏时（吴王阖闾时期，公元前514），形成于五代，成熟于宋朝，兴旺鼎盛于明清。其历史绵延2000多年，在世界造园史上有其独特的历史地位和价值。

苏州园林以写意山水的高超艺术手法，蕴含浓厚的中国传统思想和文化内涵，展示东方文明的造园艺术典范。据清光绪九年（1883）刊行的《苏州府志》统计，苏州园林春秋6处，汉朝4处，南北朝14处，唐朝7处，宋朝118处，元朝48处，明朝271处，清朝130处。现存的苏州古典园林主要是明清时期的建筑，有比较明显的明清建筑特色。中国古代建筑发展到了明清时期，虽然在单体建筑的技术和造型上日趋定型，但在建筑群体组合、空间氛围的创造上，却取得了显著的成就。

苏州园林代表了中国江南园林风格。苏州园林的建筑布局、结构、造型、风格、色彩以及装修、家具、陈设等，善于运用对比、衬托、对景、借景、分景、框景、隔景、曲折多变、层次配合和小中见大、虚实相间等种种造景技巧和手法，配置亭、台、楼、阁等建筑，将泉、石、花、木等巧妙地组合在一起，形成充满诗情画意的文人写意山水园林，在城市中创造出人与自然和谐相处的居住环境，构成了苏州古典园林的总体特色。

苏州园林，是明清时期江南地区传统民间建筑的代表作品，反映了这一时期中国江南地区高度的居住文明，曾影响到整个江南城市的建筑格调，带动民间建筑的设计、构思、布局、审美以及施工技术向其靠拢，体现了当时城市建设科学技术水平和艺术成就。苏州园林在美化居住环境，建筑美、自然美、人文美集为一体等方面达到了历史的高度，在中国乃至世界园林艺术发展史上具有不可替代的地位。

苏州古典园林中的建筑，占据十分重要的地位，具有使用与观赏的双重作用。它常与假山池塘，草木花卉、亭台楼阁等共同组成园景，在局部景区中，还可构成风景的主题。假山池塘是园林的核心，但欣赏园林风景的地方，常设在建筑物内，因此建筑不仅是休息场所，也是观景点。园中建筑的类型及组合方式，与园主的经济条件、个人喜好有密切关联，一般中小型园林的建筑密度可高达 30% 以上，如壶园、畅园、拥翠山庄；大型园林的建筑密度也多在 15% 以上，如沧浪亭、留园、狮子林等。正因为如此，大小园林的建筑设计与建筑组群的配置方式，各有不同而又具有鲜明特色。

苏州园林的建筑都是中国古代的单体建筑，由于使用性质的不同，建筑的位置、形体与疏密也各不相同，建筑类型常见的有厅、堂、轩、馆、楼、阁、榭、舫、亭、廊等。

厅，是园林中的主体建筑，常为全园的布局中心，是全园精华之地，众景汇聚之所；堂，往往成封闭院落布局，只是正面开设门窗，它是园主人起居之所。厅、堂造型比较高大宏伟，装修精美，家具陈设富丽。如留园五峰仙馆，面阔 5 间，进深 11 架，卷棚硬山屋顶，面积达到 288 平方米，是苏州园林中规模最为宏大的厅堂。其梁柱皆为楠木所构，故俗称楠木厅。又如狮子林燕誉堂，是全园的主厅，建筑高敞宏丽，堂内陈设雍容华贵。又如拙政园远香堂，为四面厅，堂面阔 3 间，四周围以透明玻璃落地长窗，可观赏周围景物。

楼，指两层以上单体大型建筑物，供居住用；阁，一种架空的小楼房，中国传统建筑物的一种，其特点是

沧浪亭

狮子林

154

通常四周设隔扇或栏杆回廊，供远眺、游憩之用，后也将贮藏书画或供佛的多层殿堂称为阁。

书斋，花厅，建筑处理上环境一般比较幽深僻静，常与主要景区隔离，自成院落，其风格大都朴素清雅，具有高雅绝俗之趣，斋在园林中大多作静修、读书、休息之用。

亭，是一种开敞的小型建筑物，多用竹、木、石等材料建成，平面一般为圆形、方形、六角形、八角形和扇形等，顶部则以单檐、重檐、攒尖顶为多；榭，是临水、局部或全部建筑于水上的建筑，用以休憩和观赏水景。水边的敞屋称水榭，其特点：在水边架一平台，一半伸入水中，一半架于岸边，上建亭形建筑物，四周柱间设栏杆或美人靠，临水一面特别开敞；廊，就是有覆盖的通道，一般布置在两个建筑物或观赏点之间。这些建筑主要供休憩、眺望或观赏游览之用，同时又可以点缀风景。

苏州园林中最让人惊艳的两个构造，一个是廊，一个是漏窗。古典戏曲、古画里的花前月下、美人倚靠在廊下，是最让人你心动的一刻。廊的特殊，在于能将园林的房屋和山池连为一体，是景点间遮阳避雨的地方，还能分隔空间，调节园林布局的疏密，形成不同格调的景观。在弯曲深长的游廊里移步换景，墙上的漏窗式样各异，更多带着主人的审美气息。漏窗，计成在《园冶》一书中把它称为"漏砖墙"或"漏明墙"，漏窗不仅可以使墙面上产生虚实的变化，而且由于它隔了一层窗花，可使两侧相邻空间似隔非隔，景物若隐若现，含蓄而意犹未尽。漏窗之美不仅在于人可以透过窗子看院外的风景，更实用的一点在于，园外的人只能看到漏窗的花纹，无法窥见园中。用于面积小的园林，可以免除小空间的闭塞感，增加空间层次，做到小中见大。漏窗本身的花纹图案在不同角度的光线照射下，会产生富有变化的阴影，成为点缀园景的活泼题材。

苏州园林中的建筑，种类繁多，大多围绕假山、池水布置，房屋之间常用走廊串通，组成观赏路线。各类建筑除满足功能要求外，还与周围景物和谐统一，造型参差错落，虚实相间，轻巧玲珑，富有变化。

苏州园林建筑的空间处理，大都宽敞流通。尤其是各种院落的灵活处理，以及空廊、洞门、空窗、漏窗、透空屏风、桶扇等手法的应用，使园内各建筑之间，建筑与景物之间，既有分割，又达到有机联系，融为一体。例如留园内建筑的数量在苏州诸园中是最多的，通过环环相扣的内外空间处理，造成景色层层加深的气氛，回廊复折、小院深深，呈现了接连不断、错落变化的建筑组合，充分体现了古代造园家的高超技艺和卓越智慧。

苏州园林建筑的色彩素雅，多用大片粉墙为基调，配以黑灰色的瓦顶，栗壳色的梁柱，栏杆、挂落（梁枋下、柱子两侧的一种构件。因其安装在檐下呈悬挂状，故名。挂落常用镂空的木格或雕花板做成，也可由细小的木条搭接而成，用作装饰或阻隔空间。挂落在建筑中常为装饰的重点，用作透雕或彩绘），内部装修则多用淡褐色或木纹本色，衬以白墙与水磨砖所制灰色门框窗框，组成比较素净明快的色彩。而且白墙既可作为衬托花木的背景，同时花木随着日照位置和阳光强弱投影于白墙上，可造成无数斑驳陆离、变化多端的活动景象。

苏州园林作为私家园林，常与住宅相连，成为宅园合一的宅第园林，占地不多，小者一两亩，大者数十亩。园景处理顺应自然，布局灵活，变化有致。苏州园林室内普遍陈设各种字画、工艺品和精致的家具，这种陈设大大提高了园林建筑的欣赏性。

苏州园林建筑规制，不仅反映了中国古代江南民间起居、休养的生活方式和礼仪习俗，也是了解和研究古代中国江南民俗的实物资料。苏州园林的造园意境，达到了自然美、建筑美、绘画美和文学艺术美的有机统一，既再现了自然

留园

山水之美，不露人工开凿的痕迹，而又高于自然，达到了天人合一的最高境界。苏州园林甲天下，可以说是实至名归。

苏州园林至今保存完好并开放的有始建于宋朝的沧浪亭、网师园，元朝的狮子林，明朝的拙政园、艺圃，清朝的留园、耦园、怡园、曲园、听枫苑等。这些大小园林在布局、结构、风格等方面，都有各自的艺术特色。其中，产生于苏州古典园林鼎盛时期的拙政园、留园、网师园、环秀山庄这四座古典园林，建筑类型齐全，保存完整。其占地面积虽说都不大，但造园艺术精美卓绝，艺术特点鲜明，充分体现了中国造园艺术的民族特色和水平。

这四座古典园林，于1997年底被联合国教科文组织列为世界文化遗产。

清末民国建筑特色

中国的建筑，按照历史时期划分的话，可以分为古代建筑、近代建筑和现代建筑三个部分。一般而言，1840年鸦片战争爆发前的建筑统称为古代建筑，1840—1949年的建筑统称为近代建筑，1949年以后的建筑统称为现代建筑。

自1840年鸦片战争开始，中国社会已经完全沦为半殖民地半封建性质。大量外国文化、建筑、技术涌入，被动地揭开了中国历史上第三次对外来文化的吸收时期，同时，也揭开了中国近代建筑史沉重的帷幕。这股外来势力动摇了中国传统的价值观，也动摇了中国传统建筑体系的根基。"中国近代建筑"由于时值清末民国时期，亦可称之为"清末民国建筑"。中国近代建筑同中国古代建筑、中国现代建筑在特性上有根本的区别以及不同的体现。

在中国近代建筑历史进程中，一方面是中国传统建筑的延续；另一方面是西方外来建筑的传播。这两种建筑形成的碰撞、交叉和融合，构成了中国近代建筑史的主线。中国近代建筑的主要特点体现在传统承续与外来影响的双重性。

鸦片战争后，沿海、沿江（长江）、邻边界城市，内陆交通枢纽城市的近代建筑，主要体现出外来建筑文化直接较大的影响，但有不同程度的传统承续表现；内地某些城市和村镇侨乡以民居为主的建筑，既体现出传统承续，又主动吸纳外来建筑文化以及近代建造材料和技术，但以体现传统承续为主。此外，还有一些建筑是属于具有"近代性"的中国古代时期的建筑，既体现外来影响，又继续传统风格；甚至还有一些古代时期的建筑在近代时期的重复，这已经不属于中国近代建筑的范畴了。

自19世纪末至20世纪30年代，是中国近代新建筑的发展时期。由殖民输入的建筑及散布城乡的教会建筑发展为居住建筑、公共建筑、工业建筑的主要类型大体齐备，相关建筑工业体系初步建立。大量早期留洋学习建筑的中国学生回国，带来了西方现代建筑思想，创办了最早的中国人的建筑事务所及建筑教育。表现在建筑创作上，欧洲新建筑运动及当时流行的"装饰艺术"风格体现在许多城市的建筑中。刚刚登上设计舞台的中国建筑师，一方面探索着西方建筑与中国建筑固有形式的结合，试图在中西建筑文化有效碰撞中寻找合宜的融合点，另一方面又面临着走向现代主义的时代挑战，要求中国建筑师紧跟先进的建筑潮流。

现代建筑转型典型傅山碑林公园

总之，处于现代转型初始期的中国清末民国建筑，是中国建筑发展史上的一个承上启下、中西交汇、新旧接替的过渡时期。既有新城区、新建筑紧锣密鼓的快速转型，又有旧乡土建筑依然故我的推迟转型；既交织着中西建筑的文化碰撞，也经历了近现代建筑的历史搭接。它所关联的时空关系是错综复杂的，大部分近代建筑还遗留至今，成为今天城市建筑的重要构成，并对当代中国的城市生活和建筑活动具有深远影响。